U0366531

中等职业教育改革发展示范校建设规划教材

环境保护概论

HUANJING BAOHU GAILUN

●梁虹 陈燕 主编 ●李 伟 主审

化学工业出版社
·北京·

本书共分为十章，包括环境与环境问题，当代资源与环境，生态及生态系统，大气污染及其防治，水污染及其防治，固体废弃物的处理、处置与利用，噪声污染及其防治，其他环境污染及其防治，机械行业的环境保护，可持续发展战略。节后列有延伸阅读，以利于学生对所学内容的了解更为直观。

本书可作为职业学校有关从事制造业工作的学生的教材，也可供环境保护研究及生产开发环境保护相关行业的科技人员，以及关注环境保护的人士参考。

图书在版编目（CIP）数据

环境保护概论/梁虹，陈燕主编. —北京：化学工业出版社，2015.5（2022.1重印）

中等职业教育改革发展示范校建设规划教材

ISBN 978-7-122-23564-0

Ⅰ.①环… Ⅱ.①梁…②陈… Ⅲ.①环境保护-中等专业学校-教材 Ⅳ.①X

中国版本图书馆CIP数据核字（2015）第068981号

责任编辑：高　钰　　文字编辑：李　玥

责任校对：王　静　　装帧设计：刘丽华

出版发行：化学工业出版社（北京市东城区青年湖南街13号　邮政编码100011）

印　　装：北京虎彩文化传播有限公司

787mm×1092mm　1/16　印张7　字数163千字　2022年1月北京第1版第8次印刷

购书咨询：010-64518888　　售后服务：010-64518899

网　　址：http://www.cip.com.cn

凡购买本书，如有缺损质量问题，本社销售中心负责调换。

定　　价：28.00元

前言

本书是根据教育部中职规划教材建设的具体要求，结合当前国家环境保护与治理工作的战略精神而组织编写的。

职业学校的学生，尤其将要从事制造业工作的学生，会在工作中更多涉及环境污染问题、环境保护问题、职业病的防治问题等。作为对中职学生进行环境素质教育的重要环节，本书从环境的基本概念入手，论述当前存在的环境问题及机械制造生产对环境的影响；对环境污染与生态保护作了较系统的阐述；重点介绍当代世界资源环境概况，尤其是中国环境资源及概况、生态及生态系统、大气污染及其防治、水体污染及防治和固体废物的处置及利用；另外涉及噪声及其控制、其他环境污染及防治、环境管理与法规。力争使学生树立正确的环境伦理道德观，成为具有保护和改善环境、参与可持续发展实践能力的新一代技术人员。

本书力求体现先进性，即突出内容要“新”，着重讲解环保领域最新发展动态及其在不同领域中的最新应用，使学生适应环境工程高速发展的脚步，实现中职教育与就业零距离对接的培养目标。同时，教材内容尽量做到具有时代气息。通过学习指南为学生明确学习目标，章节最后通过补充课外阅读资料拓展学生视野，关注环境状况，增强环境保护意识。

本书由锦西工业学校的梁虹老师、陈燕老师主编，锦西工业学校的沈国莲老师、段媛元老师担任副主编，参编的有锦西工业学校的王东老师、葫芦岛市实验中学的邱红军老师、葫芦岛市第五高级中学的刘丽飞老师、宁夏回族自治区银川市第二中学的李秀萍老师、广东省中山市第一中学的沈红老师，全书由李伟老师主审。在此对各位编者的辛勤劳动深表感谢。

由于编者学识水平有限，书中不足之处在所难免，敬请同行专家及广大读者提出宝贵意见。

编者

目录

第八章 其他环境污染及其防治 81

第九章 机械行业的环境保护 90

第一章

环境与环境问题

知识导航

本章主要介绍环境的概念、环境的分类及环境问题，通过本章的学习，应理解环境保护的重要性。

第一节　环 境 概 述

一、环境的概念

环境的含义可以概括为：作用在“人”这一中心客体的一切外界事物和力量的总和。环境既包括以大气、水、土壤、植物、动物、微生物等为内容的物质因素，也包括以观念、制度、行为准则等为内容的非物质因素；既包括自然因素，也包括社会因素；既包括非生命体形式，也包括生命体形式。环境是相对于某个主体而言的，主体不同，环境的大小、内容等也就不同。

狭义的环境，如“环境问题”中的“环境”一词，往往指相对于人类这个主体而言的一切自然环境要素的总和。

二、环境质量与环境容量

1. 环境质量

环境质量一般指在一个特定的环境中，环境的总体或环境的要素对人群的生存和繁衍以及社会经济发展的适宜程度，是反映人群的具体要求而形成的对环境评定的一种概念。

2. 环境容量

环境容量是指某一环境对污染物的最大承受限度，在这一限度内，环境质量不致降低到有害于人类生活、生产和生存的水平，环境具有自我修复外界污染物所致损伤的能力。

第二节　环 境 问 题

环境问题，是指由于人类活动作用于周围环境所引起的环境质量变化，以及这种变化对人类的生产、生活和健康造成的影响。人类在改造自然环境和创建社会环境的过程中，自然环境仍以其固有的自然规律变化着。社会环境一方面受自然环境的制约，也以其固有的规律运动着。人类与环境不断地相互影响和作用，从而产生环境问题。

一、两大类环境问题

环境问题按成因不同，可分为以下两大类。

1. 第一类环境问题

第一类环境问题又称原生环境问题，是指由于种种自然因素所引起的环境问题。例如洪水、地震、火山爆发、台风、海啸、旱灾、虫灾、流行病等带来的环境问题。这类环境问题在短时间内可以造成巨大的危害，容易引起人们的重视。

2. 第二类环境问题

第二类环境问题又称次生环境问题，是指由于种种人为因素所引起的环境问题。例如不合理开发利用资源所引起的环境衰退、资源耗竭和工业发展所带来的环境污染问题。这类环境问题所造成的危害多数是潜在的、累积的和长期的，短时间内不容易引起人们足够的重视。

二、环境问题产生的原因

1. 不断增长的人口压力

庞大的人口基数和较高的人口增长率，对全球特别是一些发展中国家，形成了巨大的人口压力。人口持续增长，对物质资料的需求和消耗随之增多，最终会超出环境供给资源和消化废物的能力，进而出现种种资源和环境问题。

2. 长期不合理的资源利用

随着世界人口持续增长和经济迅速发展，人类对自然的需求量越来越大，而自然资源的补给、再生和增殖是需要时间的，一旦利用超过了极限，要想恢复是困难的。特别是非可再生资源，其蕴含量在一定时期内不再增长，对其开采过程实际上就是资源的耗竭速度。在广大的贫困落后地区，由于人口文化素质较低，生态意识淡薄，人们长期采用有害于环境的生产方法，而把无污染技术和环境的管理置之度外，如不顾环境的影响，盲目扩大耕地面积等。

3. 片面追求经济的增长

传统的发展模式关注的只是经济领域活动，其目标是产值和利润。在这种发展观的支配下，为了追求最大的经济效益，人们认识不到或不承认环境本身所具有的价值，采取了以损害环境为代价来换取经济增长的发展模式，其结果是在全球范围内相继造成了严重的环境问题。

从环境问题产生的主要原因可以看出，环境问题是伴随着人口问题、资源问题和发展问题而出现的，这几者之间是相互联系、相互制约的。从总体上讲，环境问题的实质就是发展问题，是在发展过程中产生的，必须在发展的过程中解决。

三、当前世界面临的主要环境问题

1. 人口问题

人口的急剧增长可以认为是当前环境的首要问题。地球上一切资源都是有限的，如果人口急剧增长，超过了地球环境的合理承载能力，则必将造成生态破坏和环境污染。所以从环境保护和合理利用环境以及持续发展的角度来看，计划和控制相应的人口数量，是保护环境的主要措施。

2. 资源问题

资源问题是当今人类发展所面临的环境问题中的另一个主要问题。世界森林资源从总体趋势来看是在减少。森林是陆地生态系统的支柱，自 1950 年以来，全世界的森林已损失过半，而且毁林规模越来越大。森林减少速度已从 10 年前的 0.6%上升到 1.2%左右。同时，重新造林进展缓慢，每年造林面积不及砍伐面积的十分之一。

近年来，由于发达国家大力发展污水处理，河流水质有所改善。而大多数发展中国家因缺乏对污染源的调查与水质监测，各种废水未经处理就直接排放，导致水体污染相当严重，至今难以做出准确的评估。世界上有 100 多个国家存在不同程度的缺水，28 个国家和地区严重缺水，17 亿人没有足够的饮用水。

3. 生态破坏

全球性的生态环境破坏主要包括森林减少、土地退化、水土流失、沙漠化和物种消失。世界大部分地区都存在土壤侵蚀问题，每年流失土壤达 200 多亿吨。

4. 环境污染

环境污染作为全球性的重要环境问题，主要指的是温室气体过量排放造成的气候变化、分布广泛的大气污染和酸雨、臭氧层破坏及其越境转移、海洋污染等。

5. 垃圾成灾

垃圾成灾已成为全世界的一个重大环境问题。在许多城市周围，排满了一座座垃圾山，除了占用大量土地外，还污染环境。危险垃圾，特别是各种有毒化学品的处理问题，包括运送、存放不当，造成的危害更为严重，产生的影响更为深远，成为当前世界各国面临的一个十分棘手的环境问题。

四、环境问题的发展趋势

到目前为止已经威胁人类生存并已被人类认识到的环境问题主要有：全球变暖、臭氧层破坏、酸雨、淡水资源危机、能源短缺、森林资源锐减、土地荒漠化、物种加速灭绝、垃圾成灾、有毒化学品污染等众多方面，并且愈演愈烈。

1. 全球变暖

全球变暖是指全球气温升高。近 100 年来，全球平均气温经历了冷→暖→冷→暖两次波动，总体看为上升趋势。在 20 世纪的 100 年中，全球地面空气温度平均上升了 0.4～0.8℃，根据不同的气候情景模拟估计未来 100 年中，全球平均温度将上升 1.4～5.8℃。导致全球变暖的主要原因是人类在近一个世纪以来大量使用矿物燃料（如煤、石油等），排放出大量的 CO_2 等多种温室气体。由于这些温室气体对来自太阳辐射的短波具有高度的透过性，而对地球反射出来的长波辐射具有高度的吸收性，也就是常说的“温室效应”，导致全球气候变暖。全球变暖的后果，会使全球降水量重新分配，冰川和冻土消融，海平面上升等，危害自然生态系统的平衡，更威胁人类的食物供应和居住环境。

2. 臭氧层破坏

在地球大气层近地面约 20～30km 的平流层里存在一个臭氧层，其中臭氧含量占这一高度气体总量的十万分之一。臭氧含量虽然极微，却具有强烈的吸收紫外线的功能，因此，它能挡住太阳紫外辐射对地球生物的伤害，保护地球上的一切生命。然而人类生产和生活所排放出的一些污染物，如冰箱空调等设备制冷剂的氟氯烃类化合物以及其他用途的氟溴烃类等化合物，它们受到紫外线的照射后可被激化，形成活性很强的原子与臭氧层的臭氧（O_3）作用，使其变成氧分子（O_2），这种作用连锁般地发生，使臭氧迅速耗减，臭氧层遭到破坏。南极的臭氧层空洞，就是臭氧层破坏的一个最显著的标志。南极上空的臭氧层是在20亿年里形成的，可是在一个世纪里就被破坏了60%。北半球上空的臭氧层也比以往任何时候都薄，欧洲和北美上空的臭氧层平均减少了10%～15%，西伯利亚上空甚至减少了35%。因此科学家警告说，地球上空臭氧层破坏的程度远比一般人想象的要严重得多。

3. 酸雨

酸雨是由于空气中二氧化硫（SO_2）和氮氧化物（NO_x）等酸性污染物引起的pH值小于5.6的酸性降水。受酸雨危害的地区，出现了土壤和湖泊酸化，植被和生态系统遭受破坏，建筑材料、金属结构和文物被腐蚀等等一系列严重的环境问题。酸雨在20世纪五六十年代最早出现于北欧及中欧，当时北欧的酸雨是欧洲中部工业酸性废气迁移所致。70年代以来，许多工业化国家采取各种措施防治城市和工业的大气污染，其中一个重要的措施是增加烟囱的高度，这一措施虽然有效地改变了排放地区的大气环境质量，但大气污染物远距离迁移的问题却更加严重，污染物越过国界进入邻国，甚至飘浮很远的距离，形成了更广泛的跨国酸雨。此外，全世界使用矿物燃料的规模有增无减，也使得受酸雨危害的地区进一步扩大。全球受酸雨危害严重的有欧洲、北美及东亚地区。我国在20世纪80年代，酸雨主要发生在西南地区，到90年代中期，已发展到长江以南、青藏高原以东及四川盆地的广大地区。

4. 淡水资源危机

地球表面虽然2/3被水覆盖，但是97%为无法饮用的海水，只有不到3%是淡水，其中又有2%封存于极地冰川之中。在仅有的1%淡水中，25%为工业用水，70%为农业用水，只有很少的一部分可供饮用和其他生活用途。然而，在这样一个缺水的世界里，水却被大量滥用、浪费和污染。加之区域分布不均匀，致使世界上缺水现象十分普遍，全球淡水危机日趋严重。目前世界上100多个国家和地区缺水，其中28个国家被列为严重缺水的国家和地区。预测再过20～30年，严重缺水的国家和地区将达46～52个，缺水人口将达28亿～33亿。我国广大的北方和沿海地区水资源严重不足，据统计，我国北方缺水区总面积达58万平方千米。全国500多座城市中，有300多座城市缺水，每年缺水量达58亿立方米，这些缺水城市主要集中在华北、沿海和省会城市、工业型城市。世界上任何一种生物都离不开水，人们贴切地把水比喻为生命的源泉。然而，随着地球上人口的激增，生产迅速发展，水已经变得比以往任何时候都要珍贵。一些河流和湖泊的枯竭，地下水的耗尽和湿地的消失，不仅给人类生存带来严重威胁，而且许多生物也正随着人类生产和生活造成的河流改道、湿地干化和生态环境恶化而灭绝。不少大河如美国的科罗拉多河、我国的黄河都已雄风不再，昔日“奔流到海不复回”的壮丽景象已成为历史的记忆了。

5. 资源、能源短缺

当前，世界上资源和能源短缺问题已经在大多数国家甚至全球范围内出现。这种现象的出现，主要是人类无计划、不合理地大规模开采所致。从目前石油、煤、水利和核能发展的情况来看，现有能源远远无法满足人类巨大的需求。因此，在新能源（如太阳能、快中子反应堆电站、核聚变电站等）开发利用尚未取得较大突破之前，世界能源供应将日趋紧张。此外，其他不可再生性矿产资源的储量也在日益减少，这些资源终究会被消耗殆尽。

6. 森林锐减

森林是人类赖以生存的生态系统中的一个重要的组成部分。地球上曾经有76亿公顷的森林，到20世纪初时下降为55亿公顷，到2005年已经减少到39.5亿公顷。由于世界人口的增长，对耕地、牧场、木材的需求量日益增加，导致对森林的过度采伐和开垦，使森林受到前所未有的破坏。据统计，全世界每年约有1200万公顷的森林消失，其中绝大多数是对全球生态平衡至关重要的热带雨林。对热带雨林的破坏主要发生在热带地区的发展中国家，尤以巴西的亚马孙情况最为严重。亚马孙森林居世界热带雨林之首，但是，到20世纪90年代初期这一地区的森林覆盖率比原来减少了11%，相当于70万平方千米，平均每5s就有差不多一个足球场大小的森林消失。此外，在亚太地区和非洲的热带雨林也正在遭到破坏。

7. 土地荒漠化

简单地说，土地荒漠化就是指土地退化。1992年联合国环境与发展大会对荒漠化的概念作了这样的定义：荒漠化是由于气候变化和人类不合理的经济活动等因素，使干旱、半干旱和具有干旱灾害的半湿润地区的土地发生了退化。联合国防治荒漠化公约秘书处发表公报指出：当前世界荒漠化现象仍在加剧。全球现有12亿多人受到荒漠化的直接威胁，其中有1.35亿人在短期内有失去土地的危险。荒漠化已经不再是一个单纯的生态问题，而是已经演变为经济问题和社会问题，它给人类带来贫困和社会不稳定。全世界受荒漠化影响的国家有100多个，尽管各国人民都在进行着同荒漠化的抗争，但荒漠化却以每年5万～7万平方千米的速度扩大。在人类当今诸多的环境问题中，荒漠化是最为严重的灾难之一。对于受荒漠化威胁的人们来说，荒漠化意味着他们将失去最基本的生存基础——有生产能力的土地。

8. 物种加速灭绝

物种是指生物种类。现今地球上生存着500万～1000万种生物。一般来说物种灭绝速度与物种生成的速度应是平衡的。但是，由于人类活动破坏了这种平衡，使物种灭绝速度加快，据《世界自然资源保护大纲》估计，每年有数千种动植物灭绝，而且，灭绝速度越来越快。世界野生生物基金会发出警告：20世纪鸟类每年灭绝一种，在热带雨林，每天至少灭绝一个物种。物种灭绝将给整个地球的食物供给带来威胁，对人类社会发展带来的损失和影响是难以预料和挽回的。

9. 垃圾成灾

全球每年产生垃圾近100亿吨，而且处理垃圾的能力远远赶不上垃圾增长的速度，特别是一些发达国家，已处于垃圾危机之中。我国的垃圾排放量也相当可观，在许多城市周围，排满了一座座垃圾山，除了占用大量土地外，还污染环境。危险垃圾，特别是有毒、有害垃圾的处理问题，因其造成的危害更为严重，产生的危害更为深远，成为当今世界各国面临的一个十分棘手的环境问题。

10. 有毒化学品污染

市场上有7万～8万种化学品。对人体健康和生态环境有危害的约有3.5万种。其中致癌、致畸、致突变作用的有500余种。随着工农业生产的发展，如今每年又有1000～2000种新的化学品投入市场。由于化学品的广泛使用，全球的大气、水体、土壤乃至生物都受到了不同程度的污染、毒害。自20世纪50年代以来，涉及有毒有害化学品的污染事件日益增多，如果不采取有效防治措施，将对人类和动植物造成严重的危害。

延伸阅读：震惊世界的公害事件

表1-1列出了震惊世界的十大公害事件。

表 1-1 震惊世界的十大公害事件

公害事件名称	公害污染物	年份	中毒情况	地点	公害原因
马斯河谷烟雾事件	烟、尘、二氧化硫	1930	几千人发病，60人死亡	比利时马斯河谷	1. 山谷中工厂多 2. 逆温天气 3. 雾日 4. 工业污染物积聚
骨痛病事件	镉	1931～1972	34人死亡，280人患病	日本富士山	含镉工业废水排入河中，人饮河水，吃含镉大米
光化学烟雾事件	光化学烟雾	1943	近400人死亡，多数居民患病	美国洛杉矶	1. 城市汽车流量大 2. 每天有1000多吨碳氢化合物排入大气 3. 城市三面环山
多诺拉烟雾事件	烟、尘、二氧化硫	1948	17人死亡，6000多人发病	美国多诺拉	1. 工厂多 2. 雾日 3. 逆温天气
伦敦烟雾事件	烟、尘、二氧化硫	1952	近万人死亡	英国伦敦	1. 燃料中含硫量大 2. 粉尘量大 3. 逆温天气
水俣病事件	汞	1953	50人死亡，180人患病	日本水俣	生产化肥时将含汞废水排入水体，在微生物作用下生成甲基汞，被鱼吃后人再吃中毒的鱼
四日事件	二氧化硫、重金属粉末和烟尘	1955	36人死亡，500人受害	日本四日	工厂向大气中排放大量含污染物的废气
米糠油事件	多氯联苯	1968	16人死亡，近万人受伤	日本爱知	毒物进入米糠油后被人误食
伯帕尔毒气泄漏事件	甲基异氰酸盐	1984	2500人死亡，近万人受伤	印度伯帕尔	农药厂毒气罐溢漏，毒气散入大气
切尔诺贝利核电站事件	核污染物	1986	死亡23人	前苏联	核反应堆损坏烧毁

第三节 环境科学

人口、环境与发展是人类社会面临的重要问题，环境科学是在解决环境问题的社会需要的推动下发展起来的，是一门正在迅速发展的新学科。

一、环境科学的产生

在人类长期的发展过程中，人类和环境之间的矛盾越来越显著，从而使人们对自然现象和规律的认识日益深化，环境科学正是在这样的过程中应运而生。尤其是最近二、三十年，环境科学发展异常迅速。

二、环境科学研究的内容

环境科学是研究人类活动与其环境质量关系的科学，是研究人类周围空气、大气、土地、水、能源、矿物资源、生物和辐射等环境因素及其与人类的关系以及人类活动如何改变这种关系的科学。

环境科学研究内容可概括如下：

① 人类和环境的关系；

② 污染物在自然环境中的迁移、转化、积累的过程和规律；
③ 环境污染的危害；
④ 环境状况的调查、评价和环境预测；
⑤ 环境污染的控制和防止；
⑥ 自然资源的保护和合理使用；
⑦ 环境监测、分析技术和预测；
⑧ 环境区域规划和环境规划；
⑨ 环境管理。

三、环境科学的研究对象和任务

1. 环境科学的研究对象

环境科学的研究对象是“人类”与“环境”之间的关系，研究它们对立统一关系的发展、调节、控制、利用和改造。

2. 环境科学的研究任务

① 了解人类与环境的发展规律；
② 研究人类与环境的关系；
③ 探索人类活动强烈影响下环境的全球性变化；
④ 开发环境污染防治技术与制定环境管理法规。

第四节 环境保护

一、环境保护的概念

环境保护是指人类有意识地保护自然资源并使其得到合理的利用，防止自然环境受到污染和破坏，对受到污染和破坏的环境做好综合的治理，以创造出适合于人类生活、工作的环境，协调人与自然的关系，让人们做到与自然和谐相处，即“保护和改善环境的一切人类活动的总称”。

根据中华人民共和国环境保护法的规定，环境保护的内容包括“保护自然环境”和“防治污染和其他公害”两方面。

二、人类对环境保护的认识

由于人类活动所造成的环境问题，最早可以追溯到远古时期。那时，由于用火不慎，造成草地、森林火灾，古人不得不迁往他地以谋生存。产业革命后，随着蒸汽机的发明和使用，生产力得到很大的发展，工矿企业排出的废弃物污染环境的事件也接踵而至。到 20 世纪 50 年代，环境问题已成为全球性的重大问题，保护环境的重要性开始为人们所逐渐认识。

在环境污染已经对人类的生存和发展构成一定的威胁之后，发达国家开始着手去解决，其过程大致如下。

1. 20 世纪 60 年代中期以前，由于煤和石油逐渐成为主要能源，化学工业迅速发展，工业生产排放的二氧化硫、烟尘、酸、碱、盐和有机物使环境污染由局部扩展到整个区域，以致公害事件接连发生，也引起了人类的重视。许多国家和地区采取了头痛医头、脚痛医脚的被动治理措施，没有能够控制住污染的发展，公害事件有增无减。

1963年，美国生物学家蕾切尔·卡逊出版了一本名为《寂静的春天》的书，书中阐释了农药杀虫剂滴滴涕（DDT）对环境的污染和破坏作用。由于该书的警示，美国政府开始对剧毒杀虫剂问题进行调查，并于1970年成立了环境保护局，各州也相继通过禁止生产和使用剧毒杀虫剂的法律。该书被认为是20世纪环境生态学的标志性起点。

2. 20世纪60年代末至70年代初，进入综合治理阶段，发达国家陆续成立全国性的环境保护机构，制定全国性的环境保护科学研究规划，由被动的单项治理逐渐转向主动的综合治理，使环境质量有所改善。

1972年6月5～16日由联合国发起，在瑞典斯德哥尔摩召开"第一届人类环境大会"，为人类和国际环境保护事业树起了第一块里程碑。会议通过的《人类环境宣言》是人类历史上第一个保护环境的全球性国际文件，它标志着国际环境法的诞生。

3. 1975年在贝尔格莱德召开了国际环境教育会议，该会议发表了著名的《贝尔格莱德宪章》，此宪章阐明了环境教育的目的、目标、对象和指导原理。

4. 1977年在前苏联邦格鲁吉亚共和国首都第比利斯召开第一次环境教育政府间会议，会议发表了《关于环境教育的第比利斯政府间会议宣言》和《环境教育政府间会议建议书》。

5. 2009年12月7～18日，在丹麦首都哥本哈根Bella中心召开了哥本哈根气候大会，来自192个国家的谈判代表召开峰会，一起商讨《京都议定书》到期后的后续方案，即2012～2020年的全球减排协议。这是继《京都议定书》后又一具有划时代意义的全球气候协议书，毫无疑问，这将对地球今后的气候变化走向产生决定性的影响。这是一次被喻为"拯救人类的最后一次机会"的会议。会议发表了《联合国气候变化框架公约》。

三、我国环境保护总目标

1. 我国环境保护的总目标

我国环境保护的总目标是：环境污染基本得到控制，重要城市的环境质量有所提高，自然生态的恶化趋势有所减缓，逐步使环境与经济、社会的发展相协调，为实现我国生态系统良性循环，城市、乡村环境清洁、优美、安静的远景目标打下基础。

到2015年，主要污染物排放总量显著减少；城乡饮用水水源地环境安全得到有效保障，水质大幅提高；重金属污染得到有效控制，持久性有机污染物、危险化学品、危险废物等污染防治成效明显；城镇环境基础设施建设和运行水平得到提升；生态环境恶化趋势得到扭转；核与辐射安全监管能力明显增强，核与辐射安全水平进一步提高；环境监管体系得到健全。

2. "十二五"环境保护主要指标

表1-2列出了"十二五"环境保护主要指标。

表1-2 "十二五"环境保护主要指标

序号	指　　标	2010年	2015年	增长率/%
1	化学需氧量排放总量/万吨	2551.7	2347.6	−8
2	氨氮排放总量/万吨	264.4	238.0	−10
3	二氧化硫排放总量/万吨	2267.8	2086.4	−8
4	氮氧化物排放总量/万吨	2273.6	2046.2	−10
5	地表水国控断面劣Ⅴ类水质的比例/%	17.7	<15	−2.7个百分点
	七大水系国控断面水质好于Ⅲ类的比例/%	55	>60	5个百分点
6	地级以上城市空气质量达到二级标准以上的比例/%	72	≥80	8个百分点

我们应该牢记这样一句话："为了改变世界环境恶化的趋势，请迅速采取行动！否则，它将使人类在其他领域获得的辉煌成就变得黯然无比，甚至毫无意义！"

延伸阅读一：历年世界环境日主题

20世纪六七十年代，环境保护问题已成为重大社会问题，1972年，联合国在瑞典首都斯德哥尔摩召开了有113个国家的政府代表和民间人士参加的"联合国人类环境会议"，会议将这次开幕日的6月5日定为"世界环境日"，每年由联合国环境规划署确定并发布一个主题，联合国和世界各地组织进行相应的纪念宣传活动，宣传保护环境、保护地球、保护我们的家园。

联合国环境规划署确定的历年世界环境日主题如下。

1974年　只有一个地球。

1975年　人类居住。

1976年　水：生命的重要源泉。

1977年　关注臭氧层破坏、水土流失、水土退化和滥伐森林。

1978年　没有破坏的发展。

1979年　为了儿童和未来——没有破坏的发展。

1980年　新的10年，新的挑战——没有破坏的发展。

1981年　保护地下水和人类食物链；防止有毒化学品污染。

1982年　纪念斯德哥尔摩人类环境会议10周年——提高环境意识。

1983年　管理和处置有害废弃物；防治酸雨破坏和提高能源利用率。

1984年　沙漠化。

1985年　青年、人口、环境。

1986年　环境与和平。

1987年　环境与居住。

1988年　保护环境、持续发展、公众参与。

1989年　警惕，全球变暖。

1990年　儿童与环境。

1991年　气候变暖——需要全球合作。

1992年　只有一个地球——关心与分享。

1993年　贫穷与环境——摆脱恶性循环。

1994年　一个地球，一个家庭。

1995年　各国人民联合起来，创造更加美好的世界。

1996年　我们的地球、居住地、家园。

1997年　为了地球上的生命。

1998年　为了地球上的生命——拯救我们的海洋。

1999年　拯救地球就是拯救未来。

2000年　2000环境千年——行动起来吧。

2001年　世间万物，生命之网。

2002年　让地球充满生机。

2003年　水——20亿人生于它，20亿生命之所系！

2004 年 海洋存亡，匹夫有责。
2005 年 营造绿色城市，呵护地球家园。
2006 年 沙漠和荒漠化。
2007 年 冰川消融，后果堪忧。
2008 年 转变传统观念，推行低碳经济。
2009 年 地球需要你——团结起来应对气候变化。
2010 年 多个物种，一个星球，一个未来。
2011 年 森林：大自然为您效劳。
2012 年 绿色经济：你参与了吗?
2013 年 思前、食后、厉行节约。
2014 年 提高你的呼声，而不是海平面。

延伸阅读二：蕾切尔·卡逊《寂静的春天》

蕾切尔·卡逊是美国海洋生物学家，她以作品《寂静的春天》开启了美国乃至世界的环境保护事业。

卡逊出生于宾夕法尼亚州林达尔的农民家庭，1929 年毕业于宾夕法尼亚女子学院，1932 年在霍普金斯大学获动物学硕士学位。毕业后先在霍普金斯大学和马里兰大学任教，并继续在马萨诸塞州的伍德豪海洋生物实验室攻读博士学位。1932 年由于她父亲去世，老母亲需人赡养，她的经济条件不允许她继续攻读博士，只得在渔业管理局找到一份兼职工作，为电台专有广播频道撰写科技文章，作为水生生物学家，成为第二位受聘于渔业管理局的女性。有一次她的部门主管认为她的文章太具有文学性，不能在广播中使用，建议她投给杂志社，没想到居然被采用，出版社建议她整理出书。

1952 年她开始专心写作，1955 年完成第三部作品《海洋的边缘》，这本书成为一本畅销书并获奖，还被改编成纪录片电影。她在马里兰州买了一座乡村宅院，正是这里的环境促使她关心一个重要的问题，并产生她最重要的作品——《寂静的春天》。

作为当时一名有世界影响的科学家，她能够得到著名的生物学家、化学家、病理学家和昆虫学家的帮助，掌握了许多由于杀虫剂、除草剂的过多使用，造成野生生物大量死亡的证据，而她以更文学化、更生动的方式写出来，写这本书她用了 4 年时间，期间她被查出乳腺癌。这本书尚未出版，她就受到了以杀虫剂等化工产品生产商为首和受到农业部支持的各种媒体的攻击，骂她是“一个歇斯底里的妇女”。

1962 年《寂静的春天》正式出版后，许多大公司施压要求禁止本书的发行，但没有成功，反而在社会上引起更大的反响，卡逊收到了几百封要求她去演讲的请柬，这本书成为美国和世界上最畅销的书之一。

杀虫剂开始引起社会各界的广泛关注，1963 年在哥伦比亚广播公司的电视节目中，卡逊和化学公司的发言人进行了一场辩论，这时她的病情已经很严重，但她依然致力于环保事业。同年底，她被选为美国艺术和科学学院院士，并获得许多奖项，包括奥社本学会颁发的奥社本奖章和美国地理学会颁发的库兰奖章。最重要的是该书的出版也引起了美国政府的重视，她最后一次在公众前露面就是在参议院调查委员会上作证，从而促使 1972 年美国在全面禁止滴滴涕（DDT）的生产和使用。美国厂家开始向国外转移，但其后世界各国纷纷效仿，目前全世界已经几乎没有滴滴涕的生产厂家了。《寂静的春天》成为促使环境保护事业在美国和全世界迅速发展的标志性事件。

《寂静的春天》是人类首次关注环境问题的一部标志性著作，它唤起了公众对环境问题的重视。它那惊世骇俗的关于农药危害人类环境的预言，不仅受到与之利害攸关的生产经济部门的猛烈抨击，而且也强烈震撼了社会广大民众。你若有心去翻阅20世纪60年代以前的报纸或书刊，会发现几乎找不到“环境保护”这个词。也就是说，环境保护在那时并不是一个存在于社会意识和科学谈论中的概念。的确，回想一下长期流行于全世界的口号——“向大自然宣战”、“征服大自然”，在这些表述中，大自然仅仅是人们征服与控制的对象，而非保护并与之和谐相处的对象。人类的这种意识大概起源于洪荒的原始岁月，一直持续到20世纪。没有人怀疑它的正确性，因为人类文明的许多进展是基于此意识而获得的，人类当时的许多经济与社会发展计划也是基于此意识而制定的。蕾切尔·卡逊第一次对这一人类意识的绝对正确性提出了质疑。这位瘦弱、身患癌症的女学者，她是否知道她是在向人类的基本意识和几千年的社会传统挑战?

《寂静的春天》出版两年之后，她心力交瘁，与世长辞。作为一个学者与作家，卡逊所遭受的诋毁和攻击是空前的，但是她所坚持的思想终于为人类环境意识的启蒙点燃了一盏明亮的灯。

这本书同时引发了公众对环境问题的关注，促使环境保护问题被摆在了各国政府面前，各种环境保护组织纷纷成立，从而促使联合国1972年6月12日在斯德哥尔摩召开了“人类环境大会”，并由各国签署了《人类环境宣言》，开启了环境保护事业。

我国的环境保护事业也源于此，而后全国范围内全面禁止DDT的生产和使用。

各抒己见

根据你对环境保护的认识，如果让你确定下一年的环境日主题，你会确定为什么呢?

第二章 当代资源与环境

知识导航

本章主要介绍资源与能源概况；资源与能源面临的问题；资源与能源的分布以及它们和环境的相互关系。

第一节 水 资 源

一、概况

地球表面的71%被水覆盖，其中大部分是海水，约占97.3%，淡水比例仅为2.6%，而和人类最密切、易于利用的河流和湖泊中的淡水数量仅占淡水总量的0.0065%和0.26%，加上水资源地区间分配不均，人类可利用的水量就更少了。

二、全球水资源形势分析

1997年6月，在纽约召开的联合国第二次全球环境首脑会议首次提出了水资源的问题，并向全世界发出了警告："地区性的水危机可能预示着全球性水危机的到来"。全球可开采利用的淡水储量约为400km^3，仅占全球总水量的0.3%。陆地水资源分布很不均匀。由于受气候和地理条件的影响，北非、中东很多国家降雨量极少，蒸发量大，因此径流量很少，人均及单位面积土地的淡水资源量很少；相反，北欧的一些国家、亚洲的印度尼西亚等国，单位面积的径流量高出贫水国家1000多倍以上。水资源消耗量过大，加剧了水资源的短缺。世界上最缺水的国家位于北非、中东和中亚。

三、我国水资源短缺形势

1. 我国水资源特点

我国人均水资源量只有世界水平的1/4，居世界第111位。而且，我国水资源分布严重不均匀。长江、珠江流域，浙江、福建、台湾和西南地区四个流域的耕地面积只占全国耕地面积的36.59%，但是水资源占有量却占全国的81%，人均水资源占有量是全国平均占有量的1.6倍。北方的辽河、海河、滦河、黄河四个流域耕地面积大，人口密度也不低，但是水资源占有量仅为全国总量的19%，人均水资源占有量为全国平均值的19%。新疆、甘肃等内陆河流域是全国最缺水的地区。

随着人口的增加，工业和商业活动的增加，城市缺水严重。全国600多个大中型的城市中缺水城市有300多个，严重缺水的有114个。

2. 我国水资源开发利用现状及问题

（1）供需矛盾日益加剧　首先是农业干旱缺水。随着经济的发展和气候的变化，我国农业，特别是北方地区农业的干旱缺水状况加重。目前，全国仅灌区每年就缺水300亿立方米左右。据农业部农情调查，2014年全国农田受旱面积6420多万亩，其中重旱1700万亩，干旱缺水成为影响农业发展和粮食安全的主要制约因素。全国农村有2000多万人口和数千万头牲畜饮水困难，1/4人口的饮用水不符合卫生标准。

其次是城市缺水。我国城市缺水现象始于20世纪70年代，以后逐年扩大，特别是改革开放以来，城市缺水愈来愈严重。2014年，我国600多个建制市中，有300多个城市属于严重缺水或缺水城市。

（2）用水效率不高　目前，全国农业灌溉年用水量为3000多亿立方米，占全国总用水量近60%。全国农业灌溉用水利用系数大多只有0.3～0.4左右。发达国家早在20世纪四五十年代就开始采用节水灌溉。现在，很多国家实现了输水渠道防渗化、管道化，大田喷灌、滴灌化，灌溉科学化、自动化，灌溉水的利用系数达到0.7～0.8。

其次，工业用水浪费也十分严重。目前我国工业万元产值用水量约80亿立方米，是发达国家的10～20倍；我国水的重复利用率为40%左右，而发达国家为75%～85%。

我国城市生活用水浪费也十分严重。据统计，全国多数城市自来水管网仅跑、冒、滴、漏的损失率已达15%～20%。

（3）水环境恶化　众所周知，我国的水污染问题严重，但具体严重到什么程度却并不明确。2014年5月15日，中国工程院院士、中国环境科学研究院院长孟伟在京表示，中国污水排放总量远远超过环境容量，仅COD（化学需氧量）就超出环境容量三倍多。多家研究机构的研究认为，中国水环境的COD承载力为740.9万吨，但全国第一次污染源调查发现，COD实际排放量为3028.96万吨。由于部分地区地下水开采量超过补给量，全国已出现地下水超采区164片，总面积18万平方千米，并引发了地面沉降、海水入侵等一系列生态问题。

（4）水资源缺乏合理配置　华北地区水资源开发程度已经很高，缺水对生态环境已造成了影响。目前黄河断流日益严重，但却每年调出90亿立方米水量接济淮河与海河，因此，对水资源的合理配置和布局，区域间的水资源的调配要依靠包括调水工程在内的统一规划和合理布局。

（5）经济发展与生产力布局考虑水资源条件不够　过去在计划经济体制下，工业的布局没有充分考虑水资源条件。不少耗水量大的工业布置在缺水地区，耗水量大的水稻在缺水地区盲目发展，人为加剧了水资源配置的不合理。

综上所述，我国水资源总量并不丰富，地区分布不均，年内分配集中，北方部分地区水资源开发利用已经超过资源环境的承载能力，全国范围内水资源可持续利用问题已经成为国家可持续发展战略的主要制约因素。

延伸阅读：我国水资源短缺形势严峻　粮食安全面临挑战

近年的官方数据显示，我国目前年用水总量已突破6000亿立方米，全国年平均缺水量500多亿立方米，三分之二的城市缺水，且人均水资源量只有2100m^3，仅为世界人均水平的28%，比人均耕地占比要低12个百分点。

人多水少、水资源时空分布不均是我国的基本水情。“我国的水资源形势可用“危机”两个字形容。而且，随着人口的增多，对水资源需求的增加，以及水污染、水浪费等问题的存在，未来水资源形势会更加严峻。

我国是水资源短缺且水旱灾害频繁发生的国家。2014年以来，北方冬麦区、长江中下游地区、西南地区先后遭遇三次严重旱情，包括贵州、云南、四川等省区在内的西南丰水区也先后发生了严重旱情。自然灾害，尤其是干旱，对我国粮食生产造成较大影响。

国家防汛抗旱总指挥部通报数据显示，近几年云南、四川南部等地区旱情严重，全国耕地受旱面积达3266万亩，因旱饮水困难585万人。据气象部门预测，近期云南、四川南部等地降雨仍然持续偏少，随着气温回升和春播春灌工作的陆续展开，西南旱区农业生产需水量急剧增加，水源短缺的局面将进一步凸显。

我国每年农业生产缺水300亿立方米，因干旱缺水每年粮食损失约400亿斤。“大旱之年，我国粮食减产的一半以上来自旱灾”。

“十一五”以来，虽然我国现代农业加快发展，但农业基础设施薄弱，农业靠天吃饭的局面仍然没有改变。“我国粮食生产主要依赖于农业灌溉，灌溉水源若得不到保障，自然会影响到粮食产量。”水资源短缺对粮食安全的影响是显而易见的。

粮食安全关系人类生存和经济社会的发展，始终是全球共同关注的重大问题。我国是粮食消耗大国，如何保障13亿人口的粮食安全、立足国内解决好吃饭问题始终是治国安邦的头等大事，对世界粮食安全保障也具有重要意义。

“十二五”规划纲要要求，国内粮食自给率要保持在95%以上。根据我国国情水情，到2020年，全国有效灌溉面积要达到10亿亩以上。我国目前粮食安全也主要靠自给保障。在水资源总量不变的情况下仍要维持粮食自给则需要挖掘农业水资源潜力。

当前，我国水资源利用方式比较粗放，农田灌溉水有效利用系数仅为0.5，与世界先进水平0.7～0.8差距较大。当务之急是采用节水灌溉技术等方法解决用水效率问题，当灌溉水利用系数达到0.7时，现有水资源基本可以满足国家粮食自给自足。

另一方面，解决我国水资源短缺问题需要综合考虑，要当成全国战略问题统筹起来。要采用工程措施做长远的战略规划来实现水资源的调配，构建全国水资源调配的战略水网，保证应急条件下的供水。另外，还要进行种植结构调整、工业用水模式调整等，这其实是一个问题，就是改变现有用水方式。

据水利部数据显示，目前全国有一半以上耕地缺少基本灌排条件，农田水利设施不足的问题越来越严重，状况堪忧。农田水利建设滞后已经成为我国农业稳定发展和国家粮食安全的最大硬伤。

农业用水占总供水量的62%，随着经济社会快速发展和全球气候变化的影响，人增地减水缺的矛盾越来越突出，而缓解这一矛盾的重要举措即提高农田灌溉用水的利用率。我国农田水利设施建设滞后正是影响这一系数的重要因素。2011年出台的中央一号文件，也正视到我国农用水资源问题实质所在。

有收无收在于水，有无水利两重天。2011年全国粮食总产量达到57121万吨，我国粮食产量在遭遇数次严重旱情的情况下仍实现了八连增，这一事实也证明水利建设对粮食生产的重要贡献，而农田水利建设，更是夯实农业基础、夺取粮食丰收的根本举措。

近年来，我国对水利建设的重视尤其显著。2011年中央一号文件以水利改革发展为主题，力争5～10年内从根本上扭转水利建设明显滞后的局面。2011年7月，前中共中央总书记胡锦涛出席中央水利工作会议时更强调，加快水利改革发展是事关社会主义现代化建设全局和中华民族长远发展重大而紧迫的战略任务，是保障国家粮食安全的迫切需要。

今后，我国对水利建设的投资规模将更加庞大。“十二五”期间，全国水利总投资计划达1.8万亿元，其中与国家粮食安全休戚相关的农田水利建设投资，则达到总资金的20%左右，即3600亿元，这部分投资将对扭转农田水利设施滞后发挥重要作用。农田水利建设方面的薄弱环节诸多，如何扭转颓势以及落实使用这些资金还待观后效。

国务院日前出台意见，决定实行最严格的水资源管理制度，并明确提出“加快确立水资源开发利用控制、用水效率控制、水功能区限制纳污‘三条红线’，全面推进节水型社会建设”的要求。到2030年，全国用水总量应控制在7000亿立方米以内；用水效率达到或接近世界先进水平，农田灌溉水有效利用系数提高到0.6以上；水功能区水质达标率提高到95%以上。

我国推行最严格的水资源管理制度，拟通过发挥政策效力实现水资源管理的新跨越，以水资源的可持续利用保障经济社会长期平稳较快发展。政策已出台，目标已确立，而如何守望其实现，一切待观后效。

第二节　土 地 资 源

一、土地资源及其类型

土地是指地球的表层及其以上和以下的多种自然要素组成的地域综合体。可以被利用的土地就是土地资源。

土地资源按照成因（地形、地貌特征）可分为山地、丘陵、盆地、平原、水域等类型；按照利用情况可分为耕地、林地、草地、园地、城镇用地、工业用地、沼泽、水面、滩涂等；按照生态类型可以划分为农田、森林、草原、湿地、沙漠、戈壁、冻土、冰川等。

二、世界土地资源概况

全球总面积为5.1亿平方千米。其中大陆和岛屿为1.494亿平方千米，占土地资源的29.2%（包括南极大陆和其他大陆上的高山冰川所覆盖的区域）。当前全世界人口60亿，人均占有2.5公顷。但是考虑到土地质量，即人是否可以定居、生活、利用土地，人均可以占有的土地面积是非常有限的。陆地面积中有20%处于极地和高寒地区，20%属于干旱区，20%为陡坡地，还有10%的土地岩石裸露，缺少土壤和植被。这70%被地理学家和生态学家称为“限制性环境”。按照人均2.5公顷的30%计算，人均占有可居住利用的土地面积为0.75公顷。在适合居住的土地当中，耕地约占60%～70%，也就是人均耕地面积约为0.45～0.53公顷（6.75～7.95亩/人）。

三、我国耕地资源的形势

我国的陆地国土面积为960万平方千米，居世界第三位。其中高原占26%，山地占33.33%，丘陵占9.9%，盆地占18.75%，平原占11.98%。

1. 我国耕地的特点

（1）人均耕地面积小　我国耕地面积只有世界人均耕地面积的1/4。人均耕地面积大于0.13km^2的省份主要集中在我国的东北和西北地区，但是这些地区耕地质量差，生产力水平低。相对自然条件较好的地区如上海、北京、天津、湖南、浙江、广东和福建等人均耕地面积小于0.07km^2。有些地区甚至低于联合国粮农组织提出的人均的极限0.05km^2。

（2）分布不均匀　我国东南部湿润区和半湿润季风区集中了全国耕地的90%以上。

（3）自然条件差　我国耕地质量普遍较差，其中高产稳产田占1/3左右，低产田也占1/3，而且耕地地力退化迅速，加上由于污水灌溉和大面积施用农药等原因，耕地受污染严重，加剧了耕地不足的局面。我国耕地的人口压力巨大，已经是世界单位面积养活人口数量的2.2倍。

2. 我国耕地面临的压力

我国依靠占世界7%的耕地养活了世界22%的人口，是一项具有世界意义的伟大成就。但另一方面，这一现实也表明我国耕地资源面临的严峻形势。耕地不足是我国资源结构中最大的矛盾。因此我国可持续发展在很大程度上依赖于耕地的保护。

3. 我国土地资源方面存在的问题

（1）土地资源退化　主要表现在大面积的土壤侵蚀、土地沙化和盐碱化不断扩大，还有大片分布在工业比较集中的城镇附近的土地遭到固体废弃物和污水的污染。

首先表现在水土流失日益严重。据粗略估计，新中国成立之初全国水土流失面积约为116万平方千米，到20世纪90年代初扩展到180万平方千米，几乎占全国土地面积的1/6。平均每年增加流失面积500万～600万亩。全国受水土流失危害的耕地超过6亿亩，相当于耕地总面积的1/3。

其次是沙漠化面积不断扩大。我国是沙漠化危害严重的国家之一。全国沙漠化土地面积约33.4万平方千米，其中在人类史前早已存在的沙漠化土地约占12万平方千米，近50年来形成的现代沙漠化土地有5万平方千米，还有潜在沙化危险的土地约16万平方千米。

盐碱化也是影响土质的重要问题。随着城市规模的扩大、工业的发展、乡镇企业的兴起以及大量施用农药等原因，土地污染问题日益严重。据估计，全国受大工矿业“三废”物质污染的耕地达6000万亩，受乡镇企业污染的耕地有2800万亩，受农药严重污染的农田有2.4亿亩，三者合计达3.28亿亩。若不及早采取措施，土地污染问题将造成严重后果。

（2）耕地严重流失　作为一个农业大国，我国自古以来有“惜土如金”的传统，这是因为“有土斯有粮”，要满足人民吃粮，必须爱惜耕地。但改革开放以来，由于开发建设需要和受市场经济驱动的影响，各行各业都伸手要地，在这股要地热潮的冲击下，全国各地区的大量耕地纷纷被转作他用。耕地锐减直接削弱了粮食生产能力。耕地减少的原因，在农业内部是由于产业结构调整和灾害损毁。改革开放以来转入到以经济建设为中心的新时期，改变了过去“以粮为纲”的单一经营思想，而根据市场要求调整农业的结构，种植业、畜牧业、林业、渔业、副业全面发展，促使了土地利用分配的调整，压缩了种粮用地。

另一类是非农业建设占地造成耕地的永久性流失。当然建设需要用地，但很多开发建设带有很大的盲目性。例如城市无限制外扩，盲目圈地建设开发区，农村宅基地严重超标，以及露天采矿等等。

（3）人口和耕地供需矛盾突出　我国人口占世界22%，而耕地占世界7%，是人口大国而相对来说耕地偏少。特别是随着经济建设的发展，非农业用地增加，耕地逐年减少，与此同时人口则逐年增加，于是人口和耕地之间的供需形势日益严峻。

我国从20世纪70年代以来实行计划生育，严格控制人口增长，收效显著，年增长率有所下降，但由于人口基数大，每年平均增加1200万～1500万人。自1987年颁布《土地管理法》以来，耕地减少略有缓和，但每年断续减少几百万亩的趋势仍难以逆转。长远来看，人口与耕地平衡问题将更趋严重。

延伸阅读：黑土区水土流失

我国黑土区分布在黑龙江省、吉林省、辽宁省和内蒙古自治区的90多个市级区，总面积约3523.3万公顷，黑土层厚度在20～100cm。由于黑土中有机质含量最高，十分肥沃，当地农民形象地称“手一攥就攥出油”。然而，近几年的调查资料表明，开垦六七十年的坡耕地，黑土层厚度一般都由开垦初期的80～100cm，减少到现在的20～30cm，土壤有机质含量由12%下降至1%～2%，地力明显减退。

中国科学院东北地理与农业生态研究所和中国科学院沈阳应用生态研究所的调查统计表明，东北黑土区现有侵蚀沟46万条，每条侵蚀沟侵占土地都在0.7公顷以上，侵蚀耕地约40万公顷。如按坡耕地生产玉米计算，到目前为止，东北黑土区每年因水土流失易造成粮食减产1921万吨。

第三节　矿 产 资 源

一、矿产资源及其特点

矿产资源是地壳形成后，经过几千万年乃至几十亿年的地质作用而生成的，露于地表或埋藏于地下的具有利用价值的自然资源。

与其他的自然资源不同，矿产资源的基本特点如下。

1. 不可再生性和可耗竭性

矿产资源是在漫长的地质过程中形成的，人类社会产生至今相对于这样的地质过程而言，可以说是极为短暂的。因此，矿产资源绝大多数是不可再生的、有限的耗竭性自然资源。

2. 区域性分布不平衡

矿产资源具有显著的地域分布特点。例如，我国的煤矿集中分布于北方，磷矿集中分布于南方。世界上的石油多集中分布于海湾地区。矿产资源这种分布不平衡的特点，决定了其成为一种在国际经济、政治中具有高度竞争性的特殊资产。

3. 动态性

矿产资源是在一定科学技术水平下可利用的自然资源，矿产资源的储量和利用水平随着科学技术、社会经济的发展而不断变化。甚至原来认为不是矿产资源的，现在却可以作为矿产资源予以利用。

4. 隐蔽性、多样性和产权关系的复杂性

矿产资源绝大多数都埋藏在地下，看不见，摸不着，显示出复杂多样性。人们对矿产资源的开发利用通过一定程序的地质勘察工作才能实现。这种特点带来了矿产资源产权关系的复杂性。

二、我国的矿产资源情况

我国已经发现的矿产资源有171种，包括黑色金属、有色金属、稀有和稀土元素矿产、冶金辅助原料、化工原料非金属矿产、特种非金属矿产及建材等。

我国矿产资源的特点如下。

1. 资源总量大，但人均占有量少

我国矿产资源总量居世界第三位，但人均占有量只有世界平均水平的58%，居第53位，个别矿种甚至居世界百位之后。特别是石油、富铁矿、铬铁矿、铜矿、钾盐等大宗矿产远不能满足需要。因此，相对于满足人均对矿产资源的需求而言，我国又是资源明显不足的国家。

2. 富矿少，贫矿多

我国矿产资源是贫富兼有，但富矿少，贫矿多。我国矿石品位一般低于世界平均水平，如铁矿石品位比世界平均水平低10%以上，仅为33%；锰矿平均品位为22%，不足世界商品矿石标准工业品位的一半；铜矿石平均品位仅是智利和赞比亚铜矿品位的一半左右；铝土矿几乎全为能耗高、耗碱大、生产流程长、生产成本高的一水硬铝石矿，而国外则大部分为生产成本低的三水软铝石等。成分复杂伴生多又是我国矿产资源的一大特点，特别是有色金属矿产常含有多种可综合利用的成分，能直接供冶炼和化工利用的较少，我国银矿60%的储量、70%的产量源于铅锌矿中的共生、伴生成分。另外，开采中采富弃贫，使矿产品位下降，也使得富矿越来越少。

3. 地区分布不平衡

我国矿产资源分布不平衡。我国矿产品的加工消费区集中在东南沿海地区，但矿产资源则主要富集在中部或西部地区，这决定了矿石或原材料需经长途运输。主要原材料铁路年运量在12亿吨以上，平均铁路运输里程达802km。

4. 规模小，生产效率低

我国已探明的2万多个矿床多为小型矿床，大型矿床只有8000多个，具有明显的大矿少、中小型矿多的特点。我国可露天开采的煤炭储量仅占总储量的7%，而美国、澳大利亚则分别为60%和70%左右。

到目前为止，我国45种主要矿产的探明储量有相当部分不能满足经济发展的需要，而到2020年，资源保证程度会更低。我国现已探明的主要矿产资源中，绝对需求量大的石油、铁、铝、铜、硫、磷等重要矿产，缺口大，进口量将达到$2.5\times10^8 \sim 3\times10^8$t，矿产资源供需紧张关系进一步加剧。

三、矿产资源开发利用中的问题

我国矿产资源开发利用中面临以下问题。

① 需求对矿产资源开采的压力大。

② 资源浪费严重，采富矿弃贫矿，开采寿命短，开采回收率低，综合利用率低。

③ 环境污染严重，造成严重的土壤和水污染、大气污染、地面植被破坏以及废渣、尾矿堆置。

④ 可供利用的矿产资源数量严重不足导致产、供、销矛盾。

⑤ 以煤为主的能源结构对环境的危害严重。我国是世界上少数几个以煤炭为主要能源

的国家，在开发与利用煤炭的过程中产生的环境危害包括煤炭开采造成的地面塌陷、矿井酸性水和洗煤厂废水污染、煤矸石自燃以及煤炭燃烧利用过程中的CH_4、SO_2、CO_2等大气污染物的释放导致温室效应。

⑥ 能源与矿产的生产与消费的布局不匹配，加剧了能源、矿产运输的紧张局面。能源和矿产品是我国货运量最大的商品，仅能源就占铁路货运量的49%，公路货运的26%，水运的37%，内河和沿海港口货物吞吐量的51%。

延伸阅读：矿业污染　大地生灵不能承受之重

据新华社报道，2009年8月初，陕西省凤翔县长青镇发生了大规模血铅超标事件。截至2009年8月13日，在731名受检儿童中，615人被确定血铅超标。其中163名中度铅中毒，3名重度铅中毒。

在湖南省亦发生儿童血铅超标事件，截至2014年8月，已有上百人被确认血铅超标。此轮血铅超标事件迅速波及其他几个产铅大省。作为我国第一产铅大省，河南随即对全省的铅冶炼企业展开了排查。山西、湖南、广西、云南等几个省份亦展开排查。

此外，诸多类似事件见诸报端。如湖南郴州，曾因铅锌冶炼活动，致使近万亩果树死亡；贵州六盘水市的铅锌冶炼厂周边，出现严重的铅污染；甘肃天水市某铅锌厂附近，发生过数十位儿童铅中毒事件；汕头市贵屿镇也出现过135名儿童铅中毒事件。

从2001年至2007年，多个省份的抽样调查显示，我国儿童血铅超标的比重仍然高达23.9%，即接近每四个儿童中，就有一个儿童血铅超标。

铅污染只是这些年来重金属污染中的一种。一些稀土分离企业也严重污染了黄河流域，甚至出现当地许多羊死于怪病的现象。

在长沙，发生的镉污染事件甚至引起当地村民恐慌。湖南省环境监测部门的检测结果和专家调查咨询意见认为，长沙湘和化工厂是该区域镉污染的直接来源，非法生产过程中多途径的镉污染是造成区域性镉污染事件的直接原因。

据统计，全国1845个应进行矿产资源综合的矿山中，只有2%的综合利用率在70%以上，而75%综合利用率都不到2.5%。

另有数据显示，我国已探明的矿产储量中，共生、伴生矿床比重占80%左右，其潜在价值占总潜在价值的37%。而在已开发利用的155种矿产中，有87种共生、伴生矿产，占56%，但只对其中1/3的共生、伴生矿产进行了综合开发。此外，我国尾矿及固体废弃物综合开发利用还处于起步阶段。目前，我国每年产生的尾矿废弃物超过5亿吨。

据不完全统计，我国采矿而造成的地面塌陷面积已达到500万～600万亩，每年因此造成的损失达到4亿元以上；井下开矿导致矿区大面积区域性地下水位下降，采矿产生的废水、废弃排放总量占到全国工业废水、废液排放总量的10%以上，而处理率仅为4%。

第四节　能源与环境

一、能源的分类

能源可分一次能源（初级能源）和二次能源。一次能源又可以分为常规能源（目前广泛利用的能源）和新能源（尚未利用、正在研究利用的能源），或者可再生能源和不可再生能源等。

二、世界能源消耗的特点

1. 常规能源主要为不可再生能源

20 世纪七八十年代，世界一次能源消耗中，石油的比例为 40%以上，其次是煤，占 20%多，天然气占 10%左右。未来世界上石油和天然气可供开采 30 多年、煤炭可开采 200 年左右。

2. 国家之间能源消耗水平差异很大

占世界 1/4 的工业化国家消耗世界能源的 3/4，占世界人口不足 5%的美国能源消耗量占世界总消耗量的 25%，占世界人口总量 15%的印度能源消耗量只占世界消耗总量的 1.5%，我国的人均能源消耗总量不到世界人均能耗的 1/3。

3. 世界能耗在继续增长

工业化国家能耗在降低，而发展中国家在迅速增加。

三、我国能源发展所面临的问题

目前我国是世界第二大能源生产国，煤炭生产居世界第一，原油生产居世界第五，天然气居世界第二十位，水力居世界第四位，核能居世界第十八位。

我国是目前世界上第二大能源生产国和消费国。能源供应持续增长，为经济社会发展提供了重要的支撑。能源消费的快速增长，为世界能源市场创造了广阔的发展空间。我国已成为世界能源市场不可或缺的重要组成部分，对维护全球能源安全发挥着越来越重要的作用。我国能源资源有以下特点。

1. 人均能源资源和人均消费量低

我国人口众多，我国人均煤炭储量只相当于世界平均水平的 50%，人均石油可开采储量仅为世界平均水平的 10%。

2. 能源资源分布不均

我国能源资源分布广泛但不均衡。煤炭 64%在华北，水电 70%在西南。我国主要能源消费地区集中在东南沿海经济发达地区，资源储存与能源消费地域存在明显差别。大规模、长距离的北煤南运、北油南运、西气东输、西电东送是我国能源流向的显著特征和能源运输的基本格局。

3. 能源生产消费结构以煤炭为主

我国是世界上少数几个能源以煤为主的国家之一，也是世界上最大的煤炭消费国，一次能源中煤炭占 70%以上，直接燃煤占 84%。以煤为主的能源结构正面临着严峻的挑战，未来的长期能源需求仍将主要依靠煤炭生产来满足。

4. 能源资源开发难度大

与世界相比，我国煤炭资源地质开采条件较差，大部分储量需要井下开采，极少量可供露天开采。石油天然气资源地质条件复杂，埋藏深，勘探技术要求高。未开发的水力资源多集中在西南部的高山深谷，开发难度大且成本很高。非常规能源资源勘探程度低，经济性较差，缺乏竞争力。

5. 农村能源问题日益突出

全国农村生活能源的 2/3 要依靠薪柴和秸秆。生活用能严重短缺，农村缺乏煤炭、石油、天然气等石化能源，主要依靠生物质能。过度燃烧薪柴会造成大面积植被破坏，引起水土流失和土壤质量降低等生态环境问题。

6. 能耗水平偏高

能源利用率低下，产业结构不合理，能源品质低下，能源工业技术水平以及劳动生产率低等是造成能耗水平偏高的重要原因。根据有关部门测算，我国能源系统的利用率要比发达国家低大约 10%，工业产品单耗比发达国家高出 30%～40%。

四、新能源及发展趋势

每次能源技术的进步都会带来能源结构的演变和人类社会的进步。19 世纪末蒸汽机的出现，带来了世界第一次工业革命，煤炭作为蒸汽机的原动力，成为当时的主要能源。20 世纪 40 年代，由于石油的大量开采，石油作为优质能源逐渐替代了煤炭，推动了内燃机、燃气轮机的发展。20 世纪末，世界经济迅速发展，人们逐渐考虑使用煤炭、石油等化石燃料的替代能源——清洁能源，其中包括可再生能源和其他新能源。可再生能源主要包括风能、太阳能和生物质能。新能源指近几年发展的二次能源技术，如燃料电池、新兴二次电池。与核能一样，这些都属于清洁能源。

1. 太阳能

太阳能一般指太阳光的辐射能量。在太阳内部进行的由“氢”聚变成“氦”的原子核反应，可以维持几十亿至上百亿年的时间。太阳向宇宙空间发射的辐射功率为 3.8×10^{23}kW 的辐射值，其中 20 亿分之一到达地球大气层。到达地球大气层的太阳能，30%被大气层反射，23%被大气层吸收，其余的到达地球表面，其功率为 800000 亿千瓦，也就是说，太阳每秒钟照射到地球上的能量就相当于燃烧 500 万吨煤释放的热量。地球上的风能、水能、海洋温差能、波浪能和生物质能以及部分潮汐能都来源于太阳；即使是地球上的化石燃料（如煤、石油、天然气等）从根本上说也属于远古以来储存下来的太阳能，所以广义的太阳能所包括的范围非常大，狭义的太阳能则限于太阳能辐射能的光热、光电和化学的直接转换。

在我国，西藏西部太阳能资源最丰富，最高达 $2333\text{kW}\cdot\text{h/m}^2$（日辐射量 $6.4\text{kW}\cdot\text{h/m}^2$），居世界第二位，仅次于撒哈拉沙漠。与其他能源相比，太阳能具有很多优点：

① 地球上一年接受的太阳能总量为 $1.8\times10^{18}\text{kW}\cdot\text{h}$，远远大于人类对能源的需求量；

② 分布广泛，不需要开采和运输；

③ 不存在枯竭问题，可以长期利用；

④ 安全卫生，对环境无污染等。

因此，太阳能必将在未来的能源结构中占有重要的地位，目前其开发利用已经受到人们的高度重视，并取得较大的进展。

2. 水能

水能是一种可再生能源，是清洁能源，是指水体动能、势能和压力能等能量资源。广义的水能资源包括河流水能、潮汐水能、波浪能、海流能等能量资源；狭义的水能资源指河流的水能资源。水不仅可以直接被人类利用，它还是能量的载体。太阳能驱动地球上的水循环，使之持续进行。地表水的流动是重要的一环，在落差大、流量大的地区，水能资源丰富。

随着矿物燃料的日渐减少，水能是非常重要且前景广阔的替代资源。人类利用水能作为动力的历史相当悠久，目前世界上许多地区应用水力发电已有 100 多年的历史。河流、潮汐、波浪以及涌浪等水运动均可以用来发电。为了利用水能人们通常拦河修建水坝，拦河筑坝可以更好地控制水流过水轮机的流量。水轮机从流动的水中提取能量，并用这种能量来转动发电机。2002年全球水力发电约为26644亿千瓦·时。世界上工业发达国家普遍重视水力发电的应用，如瑞士、瑞典，水力发电占全国电力工业的60%以上。

3. 风能

风力发电在19世纪末就开始登上历史的舞台，在100多年的发展中，一直在新能源领域占据了重要地位。由于它造价相对低廉，成了各个国家争相发展的新能源首选。然而，随着大型风电场的不断增多，占用的土地也日益扩大，产生的社会矛盾日益突出，如何解决这一难题，成为又一困惑。

风能资源决定于风能密度和可利用的风能年积累小时数。风能密度是单位迎风面积可获得的风的功率，与风速的三次方和空气密度成正比关系。据估算，全世界的风能总量约1300亿千瓦，我国的风能总量约16亿千瓦。风能资源受地形的影响较大，世界风能资源多集中在沿海和开阔大陆的收缩地带，如美国的加利福尼亚州沿岸和北欧一些国家，我国的东南沿海、内蒙古、新疆和甘肃一带风能资源也很丰富。我国东南沿海及附近岛屿的风能密度可达300W/m^{2}以上，3～20m/s风速年累计超过6000h。内陆风能资源最好的区域，沿内蒙古至新疆一带，风能密度也在200～300W/m^2，3～20m/s风速年积累5000～6000h。这些地区适于发展风力发电和风力提水。新疆达坂城风力发电站1992年已装机5500kW，是我国最大的风力电站。

在自然界中，风是一种可再生、无污染而且储量巨大的能源。随着全球气候变暖和能源危机，各国都在加紧对风力的开发和利用，尽量减少二氧化碳等温室气体的排放，保护我们赖以生存的地球。

风能的利用主要是以其动力和风力发电两种形式，其中又以风力发电为主。以风能作动力，就是利用风来直接带动各种机械装置，如带动水泵提水等，这种风力发动机的优点是：投资少、工效高、经济耐用。目前，世界上约有100多万台风力提水机在运转。澳大利亚的许多牧场都设有这种风力提水机。在很多风力资源丰富的国家，科学家们还利用风力发动机铡草、磨面和加工饲料等。利用风力发电，以丹麦应用最早，而且使用较普遍。丹麦虽只有500多万人口，却是世界风能发电大国和发电风轮生产大国，世界10大风轮生产厂家有5家在丹麦，世界60%以上的风轮制造厂都在使用丹麦的技术，是名副其实的“风车大国”。截至2006年年底，世界风力发电总量居世界前3位的分别是德国、西班牙和美国，三国的风力发电总量占全球风力发电总量的60%。

4. 地热能

地热能是指储存在地球内部的热能。其储量比目前人们所利用的总量多很多倍，而且集中分布在结构板块边缘一带，该区域也是火山和地震多发区。地球的中心温度约为6000℃。如果热量提取的速度不超过补充的速度，那么地热能便是可再生的。地质学上常把地热资源分为蒸汽型、热水型、干热岩型、地压型、岩浆型五大类。

（1）蒸汽型　蒸汽型地热田是最理想的地热资源，它是指以温度较高的干蒸汽或过热蒸汽形式存在的地下储热。形成这种地热田要有特殊的地质结构，即储热流体上部被大片蒸汽覆盖，而蒸汽又被不透水的岩石层封闭包围。这种地热资源最容易开发，可直接送入汽轮机组。可惜蒸汽田很少，仅占已探明地热资源的0.5%。

（2）热水型　它是指以热水形式存在的地热田。通常既包括温度低于当地气压下饱和温度的热水和温度高于沸点的有压力的热水，又包括湿蒸汽。90℃以下称为低温热水田，90～

150℃称为中温热水田，150℃以上称为高温热水田。中、低温热水田分布广、储量大，我国已发现的地热田大多属于这种类型。

（3）干热岩型　干热岩是指地层深处普遍存在的没有水或蒸汽的热岩石，其温度范围很广，在150～650℃之间。干热岩的储量十分丰富，比蒸汽、热水和地压型资源大得多。目前大多数国家都把这种资源作为地热开发的重点研究目标。

（4）地压型　它是埋藏在深为2～3km的沉积岩中的高盐分热水，被不透水的页岩包围。由于沉积物的不断形成和下沉，地层受到的压力越来越大，可达几十兆帕，温度处在150～260℃范围内。地压型热田常与石油资源有关。地压水中溶有甲烷等碳氢化合物，形成有价值的副产品。

（5）岩浆型　它是指蕴藏在地层更深处，处于黏弹性状态或完全熔融状态的高温熔岩。火山喷发常把这种岩浆带至地面。岩浆型的资源据估计约占已探明地热资源的40%左右。

5. 生物能源

生物能源是利用有机物质作为燃料，通过气体收集、气化、燃烧和消化作用等技术产生能源。只要适当地利用，生物质量也是一种宝贵的可再生能源，但要看生物质能燃料是如何生产出来。

生物质是指由光合作用而产生的有机体。光合作用将太阳能转化为化学能而储存在生物质中。光合作用是生命活动中的关键过程，植物光合作用的简单过程是：植物吸收太阳能将水和二氧化碳合成有机体，并释放氧气。

在太阳能直接转换的各种过程中，光合作用是效率最低的。光合作用的转化率为0.5%～13%，亚热带地区则为0.5%～2.5%。整个生物圈的平均转化率为0.25%。在最佳田间条件下农作物的转化率可达3%～5%。据估计，地球上每年植物光合作用固定的碳达2.0×10^{11}t，含能量达3.0×10^{21}J，相当于世界能耗的10倍以上。

世界上生物质资源数量庞大、种类繁多，它包括所有的陆生、水生植物，人类和动物的排泄物以及工业有机废物等。通常将生物质资源分为以下几大类。

（1）农作物类　主要包括产生淀粉的甘薯、玉米，产生糖类的甘蔗、甜菜、果实等。

（2）林作物类　主要包括白杨、枞树等树木类及莴苣、象草、芦苇等草木类。

（3）水生藻类　主要包括海洋生的马尾藻、巨藻、海带等，淡水生的布袋草、浮萍、小球藻等。

（4）光合成微生物类　主要包括硫细菌、非硫细菌等。

（5）其他类　主要包括农产品的废弃物，如稻秸、谷壳等。

五、能源利用对环境的影响

任何一种能源的开发和利用都给环境造成了一定的影响。例如，水能开发利用可能造成地面沉降、地震、上下游生态系统显著变化、地区性疾病蔓延（如血吸虫病）、土壤盐碱化、野生动植物灭绝、水质发生变化等；地热能的开发利用能引起地面下沉，使地下水或地表水受到氮化物、硫酸盐、碳酸盐等的污染，水质发生变化等。在诸多的能源中以不可再生能源引起的环境影响最为严重和显著，它们在开采、运输、加工利用等环节都会对环境产生严重影响。它们给环境带来的问题主要有以下几个方面。

1. 城市大气污染

一次能源利用过程中，产生大量的CO_2、SO_2、NO_2气体及多种芳烃化合物，已对一些国家的城市造成十分严重的污染，不仅导致生态的破坏，而且损害人体健康。欧洲共同体由大气污染造成的材料破坏、农作物和森林损失以及人体健康损失费用每年超过100亿美元。我国因大气污染造成的损失每年达120亿元人民币。如果考虑一次能源开采、运输和加工过程的不良影响，则造成的损失更为严重。

2. 增加大气中CO_2的积累

大气中的CO_2按体积计算应为每100万大气单位中有280个单位的CO_2。由于矿物燃料的燃烧，其数量可达360个单位。如果大气中CO_2浓度增加1倍，由于其温室效应，全球平均表面温度将上升1.5～3℃，极地温度可能上升6～8℃。这样的温度可能导致海平面上升20～140cm，将对全球许多国家的地理地貌、社会经济等产生严重影响。

3. 酸雨

如同温室效应一样，酸雨也是一个全球性的重大区域性问题。NO_2、SO_2等污染物通过大气传输，在一定条件下形成大面积酸雨，改变该覆盖区的土壤性质，危害农作物和森林生态系统；改变湖泊水库的酸度，破坏了水生生态系统；腐蚀材料，造成重大经济损失。酸雨还导致地区气候改变，造成难以估计的后果。

4. 核废料问题

发展核能技术，尽管在反应堆方面已有了安全保障，但在世界范围内的民用核能计划的实施，已产生了上千吨的核废料。这些核废料的最终处理问题并没有完全解决，在数百年里仍将保持较强的放射性。

延伸阅读一：低碳经济

低碳经济是以低能耗、低排放、低污染为基础的经济模式，是人类社会继原始文明、农业文明、工业文明之后的又一大进步。其实质是提高能源利用效率和创建清洁能源，核心是技术创新、制度创新和发展观的转变。发展低碳经济是一场涉及生产模式、生活方式、价值观念和国家权益的全球性革命。

当前，国际上有关低碳经济研究的主要内容有：能源消费与碳排放，包括与碳减排有关的能源消费结构的转换和低碳排放能源系统的建立；经济发展与碳排放，主要探讨不同经济发展模式、阶段、速度与碳排放的关系；农业生产与碳排放，包括土地利用变化、农业土地整治，农业生产水平与结构的变化等；碳减排的经济风险分析与减排对策研究等。

伴随着生物质能、风能、太阳能、水能、化石能、核能等的使用，人类逐步从原始文明走向农业文明和工业文明。而随着全球人口和经济规模的不断增长，能源使用带来的环境问题及其诱因不断为人们所认识，不只是烟雾、光化学烟雾和酸雨等的危害，大气中的二氧化碳浓度升高将带来的全球气候变化也已被确认为不争的事实。在此背景下，“碳足迹”、“低碳经济”、“低碳技术”、“低碳发展”、“低碳生活方式”、“低碳社会”、“低碳城市”、“低碳世界”等一系列新概念、新政策应运而生。而能源与经济乃至价值观实行大变革的结果，将为逐步迈向生态文明走出一条路，即摒弃20世纪的传统增长模式，直接应用新世纪的创新技术与创新机制，通过低碳经济模式与低碳生活方式，实现社会可持续发展。

作为具有广泛社会性的前沿经济理念，低碳经济其实没有约定俗成的定义，其涉及广泛的产业领域和管理领域。低碳经济的概念最早见于政府文件是在2003年的英国能源白皮书《我们能源的未来：创建低碳经济》，而系统地谈论低碳经济，则追溯至1992年的《联合国气候变化框架公约》和1997年的《京都议定书》。

纵观世界各国应对低碳经济发展所采取的行动，技术创新和制度创新是关键因素，政府主导和企业参与是实施的主要形式。对我国来说，发展低碳经济可以从以下几个方面入手。

① 结合我国建设资源节约型、环境友好型社会和节能减排的工作需求，制定国家低碳经济发展战略，开展社会经济发展碳排放强度评价，指导和引领政府、企业、居民的行动方向和行为方式。

② 增强自主创新能力，开发低碳技术和低碳产品。高度重视研发工作，重点着眼于中长期战略技术的储备；整合市场现有的低碳技术，加以迅速推广和应用；理顺企业风险投资、融资体制，鼓励企业开发低碳等先进技术；加强国际间交流与合作，促进发达国家对我国的技术转让。

③ 开征碳税和推行碳交易被认为是有效的经济政策手段，应充分利用节能减排与低碳经济发展之间的政策协同关系，建立适应我国国情的支持低碳经济的市场体系和政府体系。

④ 先行试点示范，总结经验逐步推广。在电力、交通、建筑、冶金、化工、石化等高能耗、污染重的行业先行试点，作为我国探索低碳经济发展的重点领域。同时，积极构建“低碳经济发展区”，在东部发达地区和国家重点能源基地选定典型城市进行试验试点，寻求我国低碳经济发展之路。

在认识低碳经济问题上，还必须澄清一些认识上的误区：

① 低碳不等于贫困，贫困不是低碳经济的唯一表征，低碳经济的目标是低碳高增长。

② 发展低碳经济不会限制高能耗产业的引进和发展，只要这些产业的技术水平在国内领先，就符合低碳经济发展需求。

③ 低碳经济并不一定成本很高，减少温室气体排放的很大一部分潜力是负成本的，并不需要成本很高的技术，但需要克服一些政策上的障碍。

④ 低碳经济并不是未来需要做的事情，而是应该从现在做起。

⑤ 发展低碳经济是关乎每个人的事情，防范全球变暖，需要国际合作，关乎地球上每个国家和地区，关乎每一个人。

延伸阅读二：厄尔尼诺与拉尼娜

1. 什么是厄尔尼诺?

“厄尔尼诺”一词来源于西班牙语，原意为“圣婴”。

基本特征：太平洋沿岸的海面水温异常升高，海水水位上涨，并形成一股暖流向南流动。它使原属冷水域的太平洋东部水域变成暖水域，结果引起海啸和暴风骤雨，造成一些地区干旱，另一些地区又降雨过多的异常气候现象。

危害巨大：在气候预测领域，厄尔尼诺是迄今为止公认的最强的年际气候异常信号之一。它常常会使北美地区当年出现暖冬，南美沿海持续多雨，还可能使澳大利亚等热带地区出现旱情。厄尔尼诺现象是海洋和大气相互作用不稳定状态下的结果。据统计，每次较强的厄尔尼诺现象都会导致全球性的气候异常，由此带来巨大的危害。我国1998年夏季长江流域的特大暴雨洪涝就与1997～1998年厄尔尼诺现象密切相关。此外，通常在厄尔尼诺现象发生的当年，我国的夏季风会较弱，季风雨带偏南，北方地区夏季往往容易出现干旱、高温天气。厄尔尼诺可能会使冬季出现暖冬的概率增大，夏季东北地区出现低温的概率增大。

2. 什么是拉尼娜?

“拉尼娜”是西班牙语小女孩、圣女的意思，与厄尔尼诺现象正好相反。

基本特征：指赤道附近东太平洋水温反常下降的一种现象，表现为东太平洋明显变冷，同时也伴随着全球性气候混乱，总是出现在厄尔尼诺现象之后。拉尼娜现象常与厄尔尼诺现象交替出现，但发生频率要比厄尔尼诺现象低。拉尼娜现象出现时，我国易出现冷冬热夏，登陆我国的热带气旋个数比常年多，出现“南旱北涝”现象；印度尼西亚、澳大利亚东部、巴西东北部等地降雨偏多；非洲赤道地区、美国东南部等地易出现干旱。

3. 厄尔尼诺现象与拉尼娜现象对比

① 拉尼娜现象的征兆是飓风、暴雨和严寒，它与厄尔尼诺现象均会使全球气候出现严重异常。

② 拉尼娜现象一般出现在厄尔尼诺现象之后，通常情况下两种现象各持续一年左右。然而1998年开始出现的拉尼娜现象却持续了两年，直到2000年6月才开始逐渐减弱。

③ 拉尼娜和厄尔尼诺都是自然现象，在太平洋、大西洋和印度洋都会出现，却截然相反。厄尔尼诺是指热带海洋温度异常和持续变暖，拉尼娜指的是热带海洋温度异常和持续变冷。

④ 厄尔尼诺出现的周期并不规则，平均每4年一次。出现厄尔尼诺现象的第二年，都会出现拉尼娜现象，有时拉尼娜现象会持续两三年。

4. 厄尔尼诺现象与拉尼娜现象对世人的警示

人们已经认识到，除了地震和火山爆发等人类无法阻止的纯粹自然灾害之外，许多灾害的发生同人类的活动有密切的关系。“天灾八九是人祸”这个道理已被越来越多的人所认识。那么肆虐全球的厄尔尼诺、拉尼娜现象是否也受到人类活动的影响呢？近些年厄尔尼诺、拉尼娜现象频频发生、程度加剧，是否也同人类生存环境的日益恶化有一定关系？有科学家从厄尔尼诺、拉尼娜发生的周期逐渐缩短这一点推断，它们的猖獗同地球温室效应加剧引起的全球变暖有关，是人类用自己的双手，助长了“圣婴”作恶。当然，要证明全球变暖对厄尔尼诺、拉尼娜现象是否起了作用还需大量科学佐证。但厄尔尼诺、拉尼娜现象频繁发生的结果，也可能产生一个更温暖的世界，这样，是厄尔尼诺、拉尼娜现象引起全球变暖，还是全球变暖加快厄尔尼诺、拉尼娜现象的发生，就陷入了一个先有鸡还是先有蛋的怪圈。

各抒己见

说一说自己身边、家乡的环境变差的例子，请大家思考：维系我们生活的土地、水等资源为什么都面临着巨大的危机？这些危机都是由什么原因造成的？

第三章

生态及生态系统

知识导航

掌握生态、生物群落、生态系统等基本概念；了解生态系统的组成、结构和功能；理解生态系统的概念及相互之间的关系；掌握生态平衡的概念；能够结合实例分析破坏生态平衡的因素；能够将生态学的一般规律应用于环境保护中。

第一节 概 述

在自然界一定范围或区域内，生活的一群互相依存的生物，包括动物、植物、微生物等，和当地的自然环境一起组成一个生态系统，生态系统是生命和环境系统在特定空间的组合。一个生态系统内，物质和能量的流动达到一个动态平衡。生态系统大小不一、多种多样，小到一滴湖水、一个独立的小水塘、热带雨林中一棵大树，大到一片森林、一座山脉、一片沙漠都可以是一个生态系统。生态系统具有等级结构，即较小的组成较大的，简单的组成复杂的，最大的生态系统是生物圈。

一、基本概念

1. 生态

生态通常是指生物的生活状态。指生物在一定的自然环境下生产和发展的状态，也指生物的生理特征和生活习性。

“生态”一词源于古希腊语，意思是指家或者我们的环境。简单地说，生态就是指一切生物的生存状态，以及他们之间和它与环境之间环环相扣的关系。生态学的产生最早也是从研究生物个体而开始的。1869 年，德国生物学家海克尔（E. H. Haeckel）最早提出生态学的概念，它是研究动植物及其环境间、动物与植物之间及其对生态环境的影响的一门学科。如今，生态学已经渗透到各个领域，“生态”一词涉及的范畴也越来越广，人们常常用“生态”来定义许多美好的事物，如健康的、美的、和谐的事物均可冠以“生态”修饰。当然，不同文化背景的人对“生态”的定义会有所不同，多元的世界需要多元的文化，正如自然界的“生态”所追求的物种多样性一样，以此来维持生态系统的平衡发展。

2. 生物圈

从生态学角度来看，地球表面从地下 11km 到地上 15km 的高度是由岩石圈、水圈和大气圈组成的，在三个圈交汇处存在着生物圈，绝大部分生物是生活在地下 100m 到地上

100m 之间。

生物最早是从水圈产生的，逐渐向深水发展，由于大气中氧气含量增加，在大气圈最外层因为宇宙射线的作用，氧分子重组形成臭氧层，臭氧层可以阻止危害生命的紫外线进入大气层，使得生物可以脱离水圈向陆地发展。陆地环境不同区域差异较大，为了适应环境，生物发展出许多不同种类。

能量在不同的圈内流动，绿色植物吸收太阳光能，转化成化学能储存，动物取食植物吸收植物的能量，太阳能绝大部分被大气圈、水圈和岩石圈吸收，增加温度，造成风、潮汐和岩石的风化裂解。地球本身的能量表现在火山爆发、地震中，以不断地影响其他各圈。能量的主要来源是太阳，在地球中不断地被消耗。物质则可以在各圈内循环，而没有多大的消耗。以二氧化碳形式存在的碳被植物吸收，经植物和动物的呼吸作用排出，被动植物固定在体内的水、钙和其他微量元素，一旦死亡会重新分解回到其他自然圈，有可能积累成化石矿物。如植物遗骸形成煤、动物遗骸形成石油、硫细菌遗骸形成硫黄矿等。

3. 食物链

一切生物都是通过从外界摄取能量和物质以维持生命的，生态系统中的能量和物质流动正是通过各种生物摄取食物的方式进行的，而这种将各种生物联系到一起的能量和物质流动的链条则叫做食物链。食物链这个词是英国动物学家埃尔顿（C. S. Eiton）于 1927 年首次提出的，据他自己说是受到中国俗语“大鱼吃小鱼，小鱼吃虾米”的启发。食物链包括几种类型：捕食型、寄生型、腐生型、碎食型等，如果一种有毒物质被食物链的低级生物吸收后，会通过被中高级生物的食用而进行传递和累积，因此食物链有累积和放大的效应。一个物种灭绝，就会破坏生态系统的平衡，导致其物种数量的变化，因此食物链对环境有非常重要的影响。

实际在自然界中，每种动物并不是只吃一种食物，因此形成一个复杂的食物链网。

4. 生物群落

生物群落指生活在一定的自然区域内，相互之间具有直接或间接关系的各种生物的总和。与种群一样，生物群落也有一系列的基本特征，这些特征不是由组成它的各个种群所包括的，也就是说，只有在群落总体水平上，这些特征才能显示出来。生物群落的基本特征包括群落中物种的多样化、群落的生长形式（如森林、灌丛、草地、沼泽等）和结构（空间结构、时间组配和种类结构）、优势种（群落中以其体大、数多或活动性强而对群落的特性起决定作用的物种）、相对丰盛度（群落中不同物种的相对比例）、营养结构等。

生物群落中的各种生物之间的关系主要有以下 3 种。

（1）营养关系　当一个种以另一个种，不论是活的还是它的死亡残体，或他们生命活动的产物为食时，就产生了这种关系。又分直接的营养关系和间接的营养关系。采集花蜜的蜜蜂、吃动物粪便的粪虫，这些动物与作为他们食物的生物种的关系是直接的营养关系；当两个种为了同样的食物而发生竞争时，他们之间就产生了间接的营养关系，因为这时一个种的活动会影响另一个种的取食。

（2）成境关系　是指一个种的生命活动使另一个种的居住条件发生改变。植物在这方面起的作用特别大。林冠下的灌木、草类和植被以及所有动物栖居者都处于较均一的温度、较高的空气湿度和较微弱的光照等条件下。植物还可以用不同性质的分泌物（气体和液体的）影响周围的其他生物。一个种还可以为另一个种提供场所，例如，动物的体内寄生或巢穴共栖现象，树木干枝上的附生植物等。

（3）助布关系　指一个种与另一个种的分布，在这方面动物起主要作用。他们可以携带植物的种子、花粉等，帮助植物散布。

5. 无机环境

无机环境是指构成生物环境的因子中的非有机环境。无机环境是生物生存的基础环境。动物最终依赖植物作为营养来源，而植物则依赖阳光、水分、肥料成分等自然资源而生长、繁殖。这些环境因子主要由以下几个方面组成：①光因子，包括热量和温度因子，他们对植物是最为重要的；②水因子，包括与供水有关的诸多因子和湿度因子，他们对植物有绝对性意义；③地学因子，包括与山脉、陆地、江河、海洋有关系的地质地貌、高度、深度、纬度等地质地理因子，他们对生物的分布有决定性意义；④气候因子，他们对生物生活与繁殖的周期波动有决定性意义；⑤土壤因子，他们对植物的生活有直接的影响；⑥化学因子，包括水土中的营养盐、有机质含量、盐度与酸度、微量元素等因子，此外食物因子和营养因子也属于化学因子。

二、生态系统

1. 概念

生态系统指由生物群落与无机环境构成的统一整体。生态系统的范围可大可小，相互交错，最大的生态系统是生物圈，最为复杂的生态系统是热带雨林生态系统，人类主要生活在以城市和农田为主的人工生态系统中。生态系统是开放系统，为了维系自身的稳定，生态系统需要不断输入能量，否则就有崩溃的危险；许多基础物质在生态系统中不断循环，其中碳循环与全球温室效应密切相关，生态系统是生态学领域的一个主要结构和功能单位，属于生态学研究的最高层次。

一个生态系统具有自己的结构，可以维持能量流动和物质循环，地球上无数个生态系统的能量流通和物质循环，汇合成整个生态圈总的能量流动和物质循环。一个生态系统内各个物种的数量比例、能量和物质的输入与输出，都处于相对稳定的状态，如果环境因素变化，原有的生物种类会逐渐让位给新生的，生物来不及演化以适应新的环境，则造成生态平衡的破坏。

生态系统之间并不是完全隔绝的。有的物种游动在不同的生态系统之间，每个生态系统和外界也有少量的物质能量交换。人类会创造人工生态系统，如农田的单一物种、城市的生态系统，都是人工创造的，人工生态系统一离开人类的维护，就会破坏，恢复到自然状态。

2. 组成

生态系统的组成分为“非生物部分”和“生物部分”。其中，非生物部分是一个生态系统的基础，其条件的好坏直接决定生态系统的复杂程度和其中生物部分的丰富度；生物部分反作用于非生物部分，生物部分在生态系统中既在适应非生物环境，也在改变着周边环境的面貌，各种基础物质将生物部分与非生物环境紧密联系在一起，而生物环境的出生演替甚至可以把一片荒凉的裸地变为水草丰美的绿洲。生态系统各个成分紧密联系，这时生态系统成为具有一定功能的有机整体。

（1）非生物部分　非生物部分是生态系统的非生物组成部分，包含阳光以及其他所有构成生态系统的基础物质：水、空气、无机盐与有机质都是生物不可或缺的物质基础。

（2）生物部分

① 生产者　生产者在生物学分类上主要是各种绿色植物，也包括化能合成细菌与光合

细菌，它们都是自养生物。植物与光合细菌利用太阳能进行光合作用合成有机物，化能合成细菌利用某些物质氧化还原反应释放的能量合成有机物，比如，硝化细菌通过将氨氧化为硝酸盐的方式利用化学能合成有机物。生产者在生物环境中起基础性作用，他们将无机环境中的能量同化，同化量就是输入生态系统的总能量，维系着整个生态系统的稳定。其中，各种绿色植物还能为各种生物提供栖息、繁殖的场所。

② 分解者　分解者又称“还原者”，它们是一类异养生物，以各种细菌和真菌为主，也包含屎壳郎、蚯蚓等腐生动物。分解者可以将其他系统中的各种无生命的复杂有机物（尸体、粪便等）分解成水、二氧化碳、铵盐等可以被生产者重新利用的物质，完成物质的循环。因此分解者、生产者与无机环境就可以构成一个简单的生态系统。

③ 消费者　消费者指依靠摄取其他生物为生的异养生物。消费者的范围非常广，包括了几乎所有动物和部分微生物，它们通过捕食和寄生关系在生态系统中传递能量。其中，以生产者为食的消费者称为初级消费者，以初级消费者为食的称为次级消费者，其后还有三级消费者与四级消费者。同一种消费者在一个复杂的生态系统中可能充当多个级别，杂食性动物尤为如此，它们可能既吃植物（充当初级消费者），又吃各种食草动物（充当次级消费者），有的生物所充当的消费者级别还会随季节而变化。

一个生态系统只需要生产者和分解者就可以维持运作，数量众多的消费者在生态系统中起加快能量流动和物质循环的作用，可以将其看成一种催化剂。

3. 分类

生态系统种类众多，一般可分为自然生态系统和人工生态系统。自然生态系统还可进一步分为水域生态系统和陆地生态系统。人工生态系统则可分为农田、城市等生态系统。

陆地生态系统包括热带雨林、针叶林、热带草原、荒漠和冻原。水域生态系统包括湿地和海洋。

人工生态系统有一些鲜明的特点：动植物种类稀少，人的作用十分明显，对自然生态系统存在依赖和干扰。人工生态系统也可以看成是自然生态系统与人类社会的经济系统复合而成的复杂生态系统。

4. 功能

（1）能量流动　能量流动指生态系统中能量输入、传递、转化和丧失的过程。能量流动是生态系统的重要功能，在生态系统中，生物与环境、生物与生物间的密切联系，可以通过能量流动来实现。

① 能量的输入　生态系统的能量来自太阳能，太阳能以光能的形式被生产者固定下来后，就开始了在生态系统中的传递，被生产者固定在能量只占太阳能的很小一部分。在生产者将太阳能固定后，能量就以化学能的形式在生态系统中传递。

② 能量的传递与散失　能量在生态系统中的传递是不可逆的，而且逐级递减，递减率为10%～20%。能量传递的主要途径是食物链与食物网，这构成了营养关系。传递到每个营养级时，同化能量的去向为：未利用（用于今后繁殖、生长）、代谢消耗（呼吸作用、排泄）、被下一营养级利用（最高营养级除外）。

（2）物质循环　生态系统的能量流动推动着各种物质在生物群落与无机环境间的循环。这里的物质包括组成生物体的基础元素：碳、氮、硫、磷，以及以DDT为代表的，能长时间稳定存在的有毒物质；这里的生态系统也并非家门口的一个小水池，而是整个生物圈，其原因是气态循环和水体循环具有全球性，例如2008年5月，科学家曾在南极企鹅的皮下检测到了脂溶性的农药DDT，这些DDT就是通过全球性的生物地球化学循环，从路途遥远的文明社会进入企鹅体内的。物质循环按循环途径可以分为体型循环、水循环、沉积型循环。常见的物质循环有碳循环、氮循环、硫循环、磷循环。

（3）信息传递　生态系统传递信息主要有以下三种。

① 物理信息　是指通过物理过程传递的信息。它可以来自无机环境，也可以来自生物群落，主要有声、光、温度、湿度、磁力、机械振动等。眼、耳、皮肤等器官能接受物理信息并进行处理。植物开花属于物理信息。

② 化学信息　许多化学物质能够参与信息传递，包括生物碱、有机酸及代谢产物等，鼻及其他特殊器官能够接受化学信息。

③ 行为信息　这种信息可以在同种和一种生物间传递。行为信息多种多样，例如蜜蜂的“圆舞曲”以及鸟类的“求偶炫耀”。

延伸阅读一：湿地生态系统

湿地是指常年积水和过湿的土地，是地球上有着多功能、富有生物多样性的生态系统，是人类最重要的生存环境之一。湿地的种类多种多样，通常分为人工和智能两大类。自然湿地包括沼泽地、泥炭地、湖泊、河流、海洋和盐藻等，人工湿地主要有水稻田、水库、池塘等。

湿地是世界上生产力最高的环境之一，它是生物多样性的摇篮。无数的动植物物种依靠湿地提供的水和初级生产力而生存。湿地养育了大量的鸟类、哺乳类、爬行类、两栖类、鱼类和无脊椎物种，也是植物遗传物质的重要存储地。湿地广泛分布于世界各地，拥有众多野生动植物资源，是重要的生态系统。很多珍稀水禽的繁殖和迁徙离不开湿地，因此湿地被称为“鸟类的乐园”。

湿地广泛分布于世界各地，拥有众多野生动植物资源，是重要的生态系统。湿地有强大的生态净化作用，因而又有“地球之肾”的美名。在人口爆炸和经济发展的双重压力下，20世纪中后期大量湿地被改造成农田，加上过度的资源开发和污染，湿地面积大幅度缩小，湿地物种受到严重破坏。湿地是地球上一种重要的、独特的、多功能的生态系统，它在全球生态平衡中扮演着极其重要的角色。

世界上最大的湿地巴西中部马托格罗索州的潘塔纳尔沼泽地，面积达2500万公顷。沼泽地内分布大量河流、湖泊和平原，其中湿地、草原、亚马孙河和大西洋森林都是南美具有代表性的生态系统。除了丰富的植物资源外，沼泽地内还栖息着650种鸟类、230种鱼类、95种哺乳动物、167种爬行动物以及35种两栖动物。

由于潘塔纳尔沼泽地自然条件特殊，生物种类繁多，2000年11月，它被联合国教科文组织列为世界生物圈保护区，同年又被联合国教科文组织列入人类自然遗产名单。

延伸阅读二：生物富集

生物富集作用又叫生物浓缩，是指生物链通过对环境中某些元素或难以分解的化合物的累积，使这些物质在生物体内的浓度超过环境中浓度的现象。生物体吸收环境中物质的情况有三种：第一种是藻类植物、原生动物和多种微生物等，他们主要靠体表直接吸收；第二种是高等植物，他们主要靠根系吸收；第三种是大多数动物，他们主要靠吞噬进行吸收。在上述三种情况中，前两种属于直接从环境中摄取。环境中的各种物质进入生物体后，立即参与到新陈代谢的各项活动中。其中，一部分生命必需的物质加入到生物体的组织中，多余的以及非生命必需的物质则很快地分解掉且排出体外，只有少数不容易分解的物质（如DDT）长期残留在生物体内。生物富集作用的研究，在阐明物质在生态系统内的迁移和转化规律，评价和预测污染物进入生物体后可能造成的危害，以及利用生物体对环境进行监测和净化等方面，具有重要的意义。

生物富集与食物链相联系。各种生物通过一系列吃与被吃的关系，把生物与生物紧密的联系起来，如自然界中一种有害的化学物质被草吸收，虽然浓度很低，但以吃草为生的兔子吃了这种草，这种物质很难排出体外，便逐渐在它体内积累。而老鹰以吃兔子为生，于是有害化学物质便会在老鹰体内进一步积累。这样食物链对有害的化学物质有累积和放大的效应，这是生物富集的直观表达。污染物是否沿着食物链累积取决于以下三个条件：即污染物在环境中必须是比较稳定的，污染物必须是生物能够吸收的，污染物是不易被生物代谢过程所分解的。目前最经典的还是DDT在生态系统中的转移和积累。

生物富集的危害：铅容易污染蔬菜，主要能造成人体造血、神经系统和肾脏的损伤；鱼是汞的天然浓缩器，汞（通常以甲基汞的形式存在）在体内代谢缓慢，可引起蓄积中毒，并通过血脑屏障进入大脑，影响脑细胞功能；水生生物、陆地植物可富集镉，镉对机体的危害是破坏肾脏的近曲小管，造成钙等营养素的丢失，使病人骨质脱钙，导致“骨痛病”。

人类在改变自然的过程中，不可避免地会向生态系统排放有毒有害物质，这些物质会在生态系统内循环，并通过富集作用积累在食物链最顶端的生物上，因此人往往是生物富集的最大受害者。

生物富集对自然界的其他生物也有重要影响。例如，美国的国鸟白头海雕就曾受到DDT生物富集的影响，1952～1957年间，已经有鸟类爱好者观察到白头海雕的出生率在逐年下降，随后的研究表明，高浓度的DDT会导致白头海雕的卵壳变软以致无法承受自身的重量而碎裂。直到1972年美国环境保护局（Environmental Protection Agency，EPA）正式全面禁止使用DDT，白头海雕的数量才开始恢复。

第二节 生态平衡

一、生态平衡的概念

生态平衡是指在一定时间内生态系统中的生物和环境之间、生物各个种群之间，通过能量流动、物质循环和信息传递，使它们相互之间达到高度适应、协调和统一的状态。也就是说当生态系统处于平衡状态时，系统内各组成成分之间保持一定的比例关系，能量、物质的输入与输出在较长时间内趋于相等，结构和功能处于相对稳定状态，在受到外来干扰时，能通过自我调节恢复到初始的稳定状态。

简而言之，任何一个正常的生态系统中，能量流动和物质循环总是不断地进行着，但在一定时间内，生产者、消费者和分解者之间能保持一种动态平衡，这种平衡状态就叫生态平衡。衡量一个生态系统是否处于生态平衡，包括三个方面，即结构上的平衡、功能上的平衡，以及输出和输入物质数量上的平衡。一个生态系统具有了这三方面的平衡，就处于生态平衡之中。

二、生态平衡的特点

1. 动态平衡

生态平衡是一种动态的平衡而不是静态的平衡，这是因为变化是宇宙间一切事物最根本的属性。生态系统中的生物与生物、生物与环境以及环境各因子之间，不停地在进行着能量的流动与物质的循环；生态系统在不断地发展和进化：生物量由少到多，食物链由简单到复杂，群类由一种类型演替为另一种类型等；环境也处在不断的变化中。因此，生态平衡不是静止的，总会因系统中某一部分先发生改变，引起不平衡，然后依靠生态系统的自我调节能力使其又进入新的平衡状态。正是这种从平衡到不平衡到又建立新的平衡状态的反复过程，推动了生态系统整体和各组成部分的发展与进化。生态系统能够保持动态平衡主要有以下原因。

(1) 生态系统具有一定的自动调节能力　当生态系统的一部分出现了机能异常时，就可能被不同部分的调节所抵消。例如，草地鼠对草原有一定的破坏作用，但在牧草生长不良的季节，某些鼠类可能处于休眠状态，生殖率也降低。休眠这种行为保护，使草地鼠的死亡率降低，从而保持其种群平衡；草地鼠出生率下降，又减轻了对草群的压力，为雨季草群复苏创造了条件，上述实例表明，生态系统可以通过自动调节来保持它的稳定性。

(2) 生态系统的自动调节能力的大小决定于成分的多样性　生态系统的组成成分越多样，能量流动和物质循环的途径越复杂，其调节能力越强；相反，成分越单纯，结构越简单，其调节能力也越小。例如，在热带雨林的生态系统中，营养结构复杂，各个营养级的生物种类繁多，加入其中的某种草食动物（如梅花鹿）大量减少甚至灭绝了，还可以由这个营养级的多种生物（如野兔、马鹿等）来代替，仍然可以维持其生态平衡。

但是，一个生态系统的调节能力再强，也是有一定限度的。如果一个生态受到的干扰和破坏超过了它自身的自动调节能力，就会导致该系统生物种类和数量的减少，生物量下降，生产力衰退，生态结构和功能失调，物质循环和能量交换受到阻碍，最终导致该系统平衡的破坏，使人类和生物受到损害。

2. 相对平衡

生态系统是一种相对平衡而不是绝对平衡，因为任何生态系统都不是孤立的，都会与外界发生直接或间接的联系，会经常遭到外界的干扰。生态系统对外界的干扰和压力具有一定的弹性，其自我调节能力也是有限度的。如果外界干扰或压力在其所能忍受的范围之内，当这种干扰或压力去除后，它可以通过自我调节能力而恢复；如果外界干扰或压力超过了它所能承受的极限，其自我调节能力也就遭到了破坏，生态系统就会衰竭，甚至崩溃。通常把生态系统所能承受压力的极限称为“阈限”。例如，草原应有合理的载畜量，超过了最大适宜载畜量，草原就会退化；森林应有合理的采伐量，采伐量超过生长量，必然引起森林的衰退；污染物的排放量不能超过环境的自净能力，否则就会造成环境污染，危及生物的正常生活，甚至造成死亡等。

三、生态平衡破坏的原因

破坏生态平衡的因素分为自然因素和人为因素两种。由自然因素引起的生态平衡破坏称为第一环境问题，由人为因素引起的生态平衡破坏称为第二环境问题。人为因素是造成生态平衡失调的主要原因。

1. 自然因素对生态平衡的破坏

自然因素主要指自然界发生的异常变化或自然界本来就存在的对人类和生物的有害因素，例如，水灾、旱灾、火山爆发、台风、地震、山洪、海啸、泥石流和雷电火灾等是使生态系统在短时间内遭到破坏，甚至毁灭的因素。半个世纪前，这些异常自然变化的频率不高，而且在地理分布上有一定的局限性和特定性，对生态系统的危害还不是很大。但是现在，自然因素的破坏越来越频繁，结果也越来越严重。

2. 人为因素对生态平衡的影响

（1）破坏环境引起生态平衡的破坏

① 破坏植被　人类由于种种原因，对自然资源进行不合理利用，大面积毁坏森林、草原和其他植被，破坏了生态平衡。我国的呼伦贝尔草原，曾经以温度适宜、河网密布、水草丰美而闻名遐迩。但 20 世纪 50 年代末至 60 年代初，出现粮食短缺的现象，为了解决粮食自给问题，需扩大耕地来增加粮食产量。于是出现了视草原为荒地的毁草种粮现象。由于呼伦贝尔草原大多处于河流水系发源地和上游，开垦使此地植被遭到破坏，地表裸露，增大了水分蒸发，雨多成水患，造成水土流失。历史上很少见到沙尘暴的呼伦贝尔，如今沙尘暴频繁，不能不说同大肆开垦草原有着直接关系。草原开垦不仅破坏了草地植被，也破坏了整个草原生态系统这个大环境系统，破坏了当地的小气候。

② 破坏食物链　20 世纪 50 年代我国曾经发起把麻雀作为“四害”来消灭的运动。可是在大量捕杀麻雀之后的几年里，却在一些地区出现了严重的虫害，使农业生产受到巨大的损失。后来研究人员发现，麻雀是吃害虫的好手。消灭了麻雀，害虫没有了天敌，就大肆繁殖起来，导致了虫灾发生、农田绝收一系列惨痛的后果。生态系统的平衡往往是大自然经过了很长时间才建立起来的动态平衡，一旦受到破坏，有些平衡就无法重建了，会产生非常严重的连锁性后果，而且带来的恶果可能是人类努力都无法弥补的。因而人类要尊重生态平衡，努力维护这个平衡。

③ 破坏水资源　围湖造田是指湖泊的浅水草滩由人工围垦成为农田的活动。过度围垦往往会损害湖泊的自然资源，破坏湖泊生态环境和调蓄功能。我国的洪湖、鄱阳湖、洞庭湖、滇池等湖泊自 20 世纪 60 年代以来被大规模围垦造田，加剧了湖区环境生态的恶化。

④ 生态入侵　在生态系统中，盲目增加一个物种，有可能使生态平衡遭受破坏。澳大利亚原本是没有兔子的，一个农场主在去英国的时候第一次见到了兔子，就引进了 24 只到他的农场。出人意料的是，他引进的穴兔吃庄稼、毁坏新播下的种子、啃嫩树皮，并且打地洞损坏田地和河堤。在几十年间，兔子就从澳大利亚的西海岸向东推进了 1700 多千米，澳大利亚的农业也因此遭受了惨重的损失。

（2）环境污染引起生态平衡的破坏　人类通过生产和生活活动产生了大量的废气、废水、垃圾等，这些污染物质不断排放到环境中，使环境发生了改变，环境质量发生了变化甚至恶化，生态平衡失调。酸雨是污染环境导致生态平衡遭到破坏的典型例子。它不仅能使森林退化、湖泊酸化、水果蔬菜粮食大面积减产，还能加速材料的腐蚀，对许多人类文化遗产造成严重的破坏。四川的乐山大佛，由于受酸雨和风化等的影响，已发髻脱落、鼻梁发黑。

综上所述，生态平衡的破坏是自然因素和人为因素的共同作用，常常是人为因素强于自然因素的结果。

延伸阅读：世界各国的“动物灾”

1. 马里温岛的猫灾

马里温是印度洋的一个小岛，1945 年南非的第一支探险队来到这里，随船来的几只老鼠也悄悄溜上岸。到了 1948 年老鼠成了岛上的霸主，探险队运进了 5 只猫捕鼠，可是海鸟的味道比老鼠好，猫不抓老鼠却吃鸟，结果猫繁殖到 2500 只，一年吃 60 万只鸟，鸟因此遭了殃。

2. 夏威夷的蜗牛灾

20 世纪 30 年代，一些商人把非洲的大蜗牛运到夏威夷群岛，供人养殖食用。有的蜗牛长老了，不能食用。就被扔在野外，不到几年，蜗牛大量繁殖，遍地都是，把蔬菜、水果啃得乱七八糟。人们喷化学药剂，连续 15 年翻耕土地也不能除净。

3. 华盛顿州的金鱼灾

美国人长期从日本进口金鱼，1973 年一些金鱼无意间落入华盛顿州的水里，然后大量繁殖，几年后，金鱼霸占了 10 个湖泊，湖中的鳟鱼无法与金鱼争夺食物，大量减产，杀虫剂又杀不死金鱼，渔民叫苦连天。

4. 西班牙的螃蟹灾

1976 年，西班牙从美国引进 5 万只蟹苗，放养在一条河的三角洲里。几年内繁殖到几亿只，而当地每年最多只能捕 400 万只供人食用。稻田里的水顺着密密麻麻的蟹洞漏干，螃蟹吃掉水中的鱼虾、水草、浮游生物、稻苗。鱼绝了，鸟没有吃的，也不在这里停留了。

5. 美国西部的野鹿灾

20 世纪初，在美国西部落基山脉的凯巴伯森林中约有 4000 头野鹿，而与之相伴的却是一群群凶残的狼，威胁着鹿的生存。美国总统决定开展一场除狼行动，到 1930 年累计枪杀了 6000 多只恶狼。狼在凯巴伯森林区不见踪影了，于是鹿开始无忧无虑“无计划”地生育了，不久鹿增长到 10 万余头。兴旺的鹿群啃食一切可食的野草，并使以植物为食的其他动物锐减，原本平衡的食物链被打破，无限制繁殖的鹿群最终陷于饥饿和疾病的困境。1942 年森林中野鹿下降到 8000 头，且病弱者居多，兴旺一时的鹿家族急剧走向衰败。出现这种事与愿违的局面，其因是狼被人为消灭了。狼一方面捕食掉一些鹿，使鹿总数得到控制，不至于繁殖到使植被退化的程度；另一方面，狼捕食的鹿多为老弱病残者，有助于鹿种优胜劣汰，利于鹿群传宗接代；再一方面，鹿在狼的追逐下，经常处于逃跑的运动状态，促进了鹿的健壮发育。由于狼消失了，鹿没有天敌，“懒汉”体弱，鹿群退化。美国政府为挽救灭狼带来的恶果，于 20 世纪 70 年代制订了“引狼入室”计划。但这项计划却遭到一些人的反对，未及时实施。随着人们环境意识的提高，“引狼入室”计划终于在 1995 年得以实施。时年从加拿大运来首批野狼放生到落基山中，森林中又逐渐焕发出勃勃生机。

第三节　生态学的一般规律及其在环境保护中的应用

一、污染物在环境中的迁移转化规律

污染物进入环境后，不是静止不变的，不仅水循环能把污染物从受污染地区携带到未受

污染的地区，而且植物（或水生生物）也能从土壤（或水）中吸收残留物，然后转移到生命体内。草食性动物在取食这些植物的同时，也同时吸收了这些污染物质。同样，肉食性动物也间接地吸收了这些污染物质。随着生态系统的物质循环和食物链的交杂过程，污染物质在自然界中以不同的方式不断地迁移、转化、积累和富集。

以DDT为例，它是一种脂溶性农药，它在水中和脂肪中的溶解度分别为0.102mg/L和100g/L，两者相差近100万倍。因此，DDT极易通过植物的茎叶或果实表面的蜡质层进入植物体内，特别易被脂肪含量高的豆科和花生类植物吸收，也极易在动物和人体内积累。在北极圈内居住的爱斯基摩人从未使用过DDT，但在他们体内却检测出了DDT。有报道证实，生活在南极大陆的企鹅体内也检测出了DDT，南极附近海岛的鱼体中也含有DDT成分，甚至有的鱼类和鸟类中毒死亡。这就说明在生态系统的物质循环中，DDT沿着不同的途径进入了动物体内和人体内。污染物进入动物体内，还有一个积累和富集的过程。这种富集作用使污染物的浓度越来越高，最终造成危害。以DDT为例，其化学性质稳定，在自然环境下不易分解，残留时间较长，它的生物半衰期大约是8年，也就是说，动物体内DDT的含量要代谢一半大约需要8年时间。美国旧金山北部休养胜地——明湖，曾因使用DDT使鱼类、鸟类大批死亡。经过分析证实，湖中浮游生物体内的DDT含量是湖水中的265倍，小鱼体内脂肪中的DDT含量是湖水中的500倍，食肉鱼体内脂肪中的DDT含量是湖水中的815万倍。如果鸟类吃了这种鱼，其体内脂肪中的DDT含量可达到湖水中的几百万倍。如果人吃了这种鱼和鸟，DDT将在人体内富集。这就是DDT沿湖水→浮游生物→小鱼→食肉鱼→鸟类→人类富集的结果。

通过对污染物在生态系统中迁移转化规律的探讨，我们可以弄清楚污染物对环境危害的范围、途径和程度。如果人类有意识地设法切断食物链的某一环节，就可以使高位营养级的生物类群（包括人类）免受其害。

二、运用生态学观点管理和保护环境

从生态学观点来看，环境问题实质就是包括人类在内的生态学问题。对环境问题的解决必须运用生态学的理论、方法和手段，也就是要树立环境的生态观。

所谓环境的生态观，就是把人类生存的环境（包括生物环境和非生物环境）视为一个有机的统一的整体。它有一定的结构和功能，有自身发生与发展的规律，即人类的生存环境是一个完整的生态系统或若干个生态系统的组合。环境生态观告诫人们：在开发利用环境资源的时候，绝不能只从主观愿望出发，必须在遵循客观经济规律的同时也要遵循生态规律，在环境污染治理中，不但要注重城市环境、工业环境，更要注重人类赖以生存的大自然环境。因此，在人类生产和生活的实践中，以生态学观点来管理和指导人类的活动，就可以大大减少或避免人为因素造成的生态失衡或环境污染，从而确保人类的健康生存和经济的可持续发展。

在现代化工业建设中，为了高效率利用资源与能源，有效地保护环境质量，人们提出用生态工艺代替传统工艺。所谓生态工艺，是指无废料生产工艺，它利用生态系统的物质循环原理，建立闭路循环工艺，即把两个以上的流程组合成一个闭路体系，使一个过程产生的废料或副产品成为另一过程的原料，从而使废物减少到生态系统的自净能力限度以内，也使工业生产与生物圈的能量流动和物质循环协调起来，成为生物这个有机整体的一个组成部分。

在现代化农业生产中，国内外专家学者们正在研究生态农业或兴建生态农场。所谓生态农业，就是运用生态学原理和系统科学方法，使现代科学成果与传统农业技术的精华相结合而建立起来的具有生态合理性、功能良性循环的一种农业体系。其目的在于充分利用太阳能，把无机物更多地转化为有机物，最大限度地提高能量流和物质流在生态系统中运转时的利用率，通过对农业废弃物的多次转化和循环利用，起到维护生态平衡的作用，使其达到少投入、多产出，带来经济、社会和环境的综合收益，有利于保护生态环境，有利于农业稳定发展。如在农村地区办生物沼气，既可以解决农村能源供应，又可以避免由于使用燃煤等非清洁燃料而造成的环境污染，同时还可以促进农牧业的发展。

菲律宾的马雅农场是一个较为完善的生态农场。在这个生态农场中，农业、林业、渔业、畜牧业、加工厂等，组成了一个有机整体。利用稻草、树叶作为饲料喂养猪和牛，猪粪和牛粪送入沼气池，产生的沼气进入浮桶式储气罐以备使用。沼气中的残渣送入沉淀池，将固体和液体分开，固体废料送到加工工段处理后，用作动物饲料，液体废料送到氧化塘暴气，然后送去作农业灌溉用水。氧化塘中由于营养丰富，生长大量的水藻，再利用水藻养鱼。通过这样一个符合生态平衡的循环系统，既控制了有机废物对环境的污染，又合理地解决了农业生产中所需的燃料、肥料和饲料。

我国珠江三角洲的桑基鱼塘生产方式，就是一种“种桑养蚕、蚕沙喂鱼、鱼粪肥塘、塘泥肥桑”的生态系统。它是由桑园、鱼塘和农舍组成的新型生态农场，用桑叶在农舍中养蚕，用蚕沙和残渣养鱼，用塘泥作桑园的肥料。在这里，能源和物质得到了较充分、多层次的利用，形成了良性循环。

三、利用生态系统的自净能力消除环境污染

生态系统具有比较复杂的调节能力。这种调节能力是指生态系统的生产者、消费者、分解者在不断进行能量和物质循环的过程中，受到自然因素和人类活动的影响时，系统具有保持自身相对稳定的能力。也就是说，当系统内的某一部分出现问题或发生机能异常时，该系统能够通过其余部分的调节而得到解决或恢复正常。在环境污染的防治中，这种调节能力又称为生态系统的自净能力。被污染的生态系统利用其本身的自净能力可以恢复原状。自净能力的强弱与生态系统的结构有关，结构越复杂，自净能力越强。

1. 利用绿色植物净化空气

随着工农业生产的高速发展，各种燃料的消耗，使大气中二氧化碳的含量逐年上升。人们采用了植物净化法来减少和消除二氧化碳的增加。森林是制造氧气的“工厂”，它的原材料就是二氧化碳，通过光合作用，释放出氧气。据测定，1 亩森林每天可产生氧气 4817kg，能满足 65 个人 1 天的需要。森林能够吸收有害物质，1 公顷的柳杉林每月可吸收二氧化硫约 60kg；女贞、丁香、梧桐等植物对减轻氟化物的危害有很好的作用。草坪的作用也很大，据资料统计，每平方米的草坪可吸收二氧化碳 1158g/h。

植物的滞尘作用也很明显，特别是树木对粉尘的阻挡、过滤、吸收有很好的效果。每公顷云杉林每年滞尘 32t，每公顷松林每年滞尘 3614t。

2. 利用生物净化污水

随着科学技术的发展，工业废水的生化处理收到了良好的效果。其主要原理就是利用活性污泥对水中有毒物质进行吸收，以及活性污泥中的微生物、原生物、寡毛类等对有毒物质

进行分解、氧化作用。一般污水在暴气池中停留 4～10h 即可完成净化过程。

在自然水体中，微生物可以形成生物膜，对有毒物质进行分解、氧化，使有毒变无毒，达到净化效果。天然池塘、洼地、水坑中的水草、藻类和微生物，通过吸收、分解、氧化来净化污水，此法被称作氧化塘法。利用氧化塘的藻菌共生系统对含有有机氯、有机磷、农药的废水进行分解，平均去除率达到 60%～90%，使原来的废弃湖泊重新复苏。

3. 利用动物净化环境

很多野生动物，特别是土壤中的动物，它们与微生物一样，能够分解环境中的有毒物质，分解其他动物、植物的残体、粪便，起到净化环境的作用。畜牧大国澳大利亚，由于大量放牧而使肥美的草原被大量的粪便覆盖，环境受到很大污染。后来引进我国的以粪便为食并能推之成丸的蜣螂，分解了粪便，才使草原恢复了生机。这种净化环境的方法可谓独特。

四、利用生物监测进行环境质量评价

环境质量的监测手段，目前主要是化学监测和仪器监测。其优点是速度快，对单因子监测准确率高。但也存在弱点，即不能较全面地反映环境污染的真实状况。特别是由于多种污染物造成的综合污染，不能用单因子的污染效果代表多因子的综合污染状况。生物监测在某种程度上弥补了上述不足。

所谓生物监测，就是利用生物对环境中污染物的反映，即生物在污染环境下所发出的各种信息来判断环境污染状况的一种手段。由于生物长时间生活在环境中，经受着各种物质的影响和侵害，它们不仅可以反映环境中各种污染物的影响，也能反映环境污染的历史状况，这种反映比化学监测和仪器监测更接近实际污染状况。

1. 利用植物对大气污染进行监测和评价

用于生物监测的手段很多。大气污染的生物监测手段主要有：利用指示植物监测大气污染，主要是根据各种植物叶片上出现的伤害症状，对大气污染作出定性和定量的判断；测定植物体内污染物的含量，估测大气污染状况；观察植物的生理生化反应，如酶系统的变化、发芽率的降低等，估测大气污染的长期效应作出判断；测定树木的生长量和年轮等，估测大气污染的现状和历史；利用某些敏感植物（如地衣、苔藓等）制成大气污染植物监测器，进行定点观测。

许多植物对工业排放的有毒物质十分敏感，当大气受到污染时，它们就产生了“症状”而输出某种信息，据此可判断污染物的种类，进行定性分析。也可根据受害的轻重、面积的大小，进行定量分析。下面就是几种常见污染物危害植物的一些症状。

（1）二氧化硫危害的叶部症状

① 阔叶植物的叶缘和叶脉间出现不规则的坏死小斑，叶子变成白色到淡黄色，以及出现不同程度的缺绿症，叶面呈现光斑状。

② 禾本科植物叶片两侧出现不规则坏死，呈淡棕色到白色，尖端易受影响，通常不表现缺绿症状。

③ 针叶树的针叶顶端坏死，相邻组织缺绿，有时在针叶中部出现棕色坏死的环带。

（2）臭氧危害的叶部症状

① 阔叶植物叶片出现下陷的不规则小点或小斑，小点可呈红棕色，小斑往往褪成白色，

随受害加重密集的小斑可连成较大的斑点，慢性中毒老叶可出现缺绿。

② 禾本科植物叶的最初坏死斑不联结，随后可发展成较大的坏死区。

③ 针叶树的针叶顶部发生棕色枯尖，与二氧化硫伤害相似，但棕色与绿色组织分布不规则。

（3）氟化物危害的叶部症状

① 阔叶植物叶尖和叶缘发生坏死，偶尔在叶脉间产生小斑，在坏死组织和活组织间分界明显，常具有密的暗棕色带，有时在靠坏死组织边有密而轻微的缺绿带，有的植物坏死组织很易与其他组织脱离，形成类似昆虫啃食的叶子。

② 禾本科植物出现棕色的坏死叶尖，与健康组织间也有棕色带。

③ 针叶树的针叶出现棕色坏死的叶尖，严重时整个叶片都可坏死。

此外，还可根据叶片中污染物的含量，叶片解剖构造的变化，生理机能的改变，叶片和新梢生长量及年轮等，来进行大气污染的监测和评价。

利用植物可见症状调查污染状况，可以不需要特殊仪器，而且经济方便。植物的部分器官或组织是综合采样器，能方便地获得分析样品，以划定污染范围及程度，无需大量采样设备就可监测到历史污染情况。

植物对污染物的积累，成为污染物在生物链中迁移、富集的重要环节，因此植物监测是在污染生态系统研究中的重要组成部分。

2. 利用生物对水体污染进行监测和评价

随着对水体污染物的不断深入研究，科学研究者们发现很多生物对水体环境污染程度的变化很敏感。人们可以通过监测生物的细胞变化、生化反应、体内器官污染物含量等得到及时的信息；也可以利用生态学的相关指示，例如数量的变化、群落的异常反应和环境的改变等对该地区污染物的潜在影响和实际毒性进行监测。

水体污染的生物监测手段主要有：利用指示生物来监测，如根据颤蚓、蛭等大型底栖无脊椎动物和摇蚊幼虫，以及某些浮游生物在水体中的出现和消失、数量的多少等来监测水体的污染状况。利用污水生物系统监测水体污染也是一种常用的手段，如利用水生生物群落结构的变化来监测。水质状况发生变化，水生生物群落结构也会发生相应的改变。在有机物污染严重、溶解氧含量很低的水体中，水生生物群落的优势种只能由抗低溶解氧的种类组成；未受污染的水体，水生生物群落的优势种则必然是一些清水种类。在利用指示生物和群落结构监测水体污染时，还引用了生物指数和生物种的多样性指数等手段，简化监测的方法；水污染的生物测试，即利用水生生物受到污染物毒害时所产生的生理机能的变化，测试水质污染的状况。这种方法可以测定水体的单因素污染，对测定复合污染也能收到良好的效果。测试方法分为静水式生物测试和流水式生物测试。

许多动物如鼠类、棘皮类动物（海星等）、两栖类动物等都对水体中污染物尤其是有机污染物有非常明显的反应。动物处于生物链的顶端，直接饮用水体，而且分布较广，生理机能对污染程度较敏感，有机污染物在动物体内容易富集，而且易于辨认，已经被广泛用于水体污染的生物监测。

有些水生生物如贝壳类，对水体中的有机污染物也非常敏感，在生物代谢的过程中可以反映环境的物理和化学变化，对环境的变化提供早期预报。

除此之外，一些鸟类如肉食鸟、水禽、海鸟（如海鸥）等以水生生物为食物，长期生活在水边，处于食物链的顶端，比其他动物更容易受到毒害，且因分布广、数量巨大、易于观察等优势使其成为了比较理想的水体污染监测生物。海鸟具有一个固定的生活范围，能够很准确地反映一个地区的污染程度，所以可成为有效的水体污染指示生物。因为鸟类的迁移，单纯用鸟类监测还有一定的缺陷，所以应该结合其他生物或用理化手段监测。鸟类对环境的变化比较敏感，潜在的有机污染可以使鸟类的内分泌失调、繁殖的成功率下降，致使鸟类的数量减少，行为异常，能够比较早地反映出水体环境的污染情况。比较典型的例子是，早在1960年的DDT污染导致以鱼为生的鸟类大量减少，路易斯安那褐色鹈鹕数量的减少，加利福尼亚鹈鹕、鸬鹚和其他物种的锐减，都证明了利用海鸟作为水体有机污染监测生物的可行性。

延伸阅读：蚯蚓在净化环境中的生态功能

生态系统失衡的重要原因之一是其内部的物质循环受阻。随着工业废弃物的大量排放和农药、化肥的广泛使用，土壤污染问题日益严重，同时也降低了土壤中物质分解者（土壤动物和土壤微生物）的种类和数量，尤其是影响到了被称为“土壤生态系统工程师”的蚯蚓的分布。

蚯蚓不仅对土壤生态系统有重要的作用（如促进微生物和其他土壤动物活动、破碎和分解枯落物、提高土壤肥力质量等），还被应用于处理有机废弃物和污水。同时，蚯蚓也可以修复或协助修复被重金属、废弃物及农药污染的土壤。

近年来，在经济和环境的共同需求下，利用蚯蚓分解处理有机垃圾得到了很大的关注。用来处理有机垃圾的蚯蚓生物反应器正是在这种需求下发展起来的。此法投入低、二次污染少，可以将成分混杂的有机垃圾转化为无臭、无毒、富含有益微生物和酶类的蚯蚓粪。其主要原理是：利用蚯蚓和微生物之间的互相作用，有机垃圾在通过蚯蚓消化道时，由接种的工程菌进一步分解。蚯蚓提供了适合微生物生存的微气候或条件，并协同微生物分解有机物，使有机垃圾转化为适宜植物生长的土壤成分。

蚯蚓对城市垃圾进行处理后，垃圾腐解物中的全磷、全钾分别增加25.54%、16.44%；利用蚯蚓对瓜尔豆胶生产中的废弃物进行处理，可加快微生物对废弃物的分解，给废弃物中加入适当比例的其他有机物（例如木屑、动物类等），可以明显增加蚯蚓的生物量和繁殖率，并能提高蚯蚓处理废弃物的效率。蚯蚓对果皮、菜叶等混合废弃物的处理结果表明，在加入25%和40%木屑的堆制处理中，蚯蚓生长较良好，繁殖较旺盛。蚯蚓的食物品质直接影响着其生存、生长和繁殖能力。关于蚯蚓对废弃物中重金属的富集和提取也有不少研究。研究认为，蚯蚓对废弃物中重金属的富集程度与重金属种类、蚯蚓饲养方式之间具有较强的依存关系；砷和镉在腐解物中最易富集，而汞不易富集。垄埂式饲养比层床容易富集重金属，露天培养比室内培养更容易富集重金属。

蚯蚓对污水的处理是目前研究的热点之一，国内开发应用的蚯蚓生态滤池是由微生物和蚯蚓等动物组成的人工生态系统，可对污水中的污染物进行降解处理，蚯蚓在其中起分解污泥中的有机物、清通滤池中滤床、防止堵塞以及促进含氮有机物的硝化→反硝化过程的作用。利用蚯蚓和微生物共同组成的人工生态系统对污水处理厂剩余污泥进行为期半年的脱水和稳定处理，结果表明蚯蚓生态系统集浓缩、调理、脱水、稳定、处置和综合利用等多种功能于一身。

蚯蚓对土壤系统有重要的环境生态调节作用。蚯蚓通过对生态系统中有机物质的分解转化，促进碳、氮循环，显著增加土壤中氮、磷、钾等有效养分含量，并可提高土壤中脲酶、蔗糖酶和微生物活性，增强土壤供肥性能，从而促进植物生长。另外，由于蚯蚓体内能携带各种微生物，将蚯蚓引入污染土壤，便可以引入各种降解土壤中污染物的微生物，对土壤的改良和修复起到很大的促进作用。

各抒己见

你能说出一个生态链吗?

第四章

大气污染及其防治

知识导航

通过本章学习，了解大气圈的结构和大气组成；理解什么是大气污染及大气污染产生的原因；了解大气污染带来的危害；熟悉大气污染防治的基本措施和基本治理技术。

第一节　概　　述

大气是环境的重要组成要素，是维持一切生命活动的必需因子。它的质量好坏，对整个生态体系和人体健康有着直接的影响。近年来，大气污染已日趋严重，它是迫切需要解决的环境问题之一。

一、大气圈的结构

1962 年世界气象组织执行委员会根据大气温度随高度垂直变化的特征，将大气分成五个层次（图 4-1）。

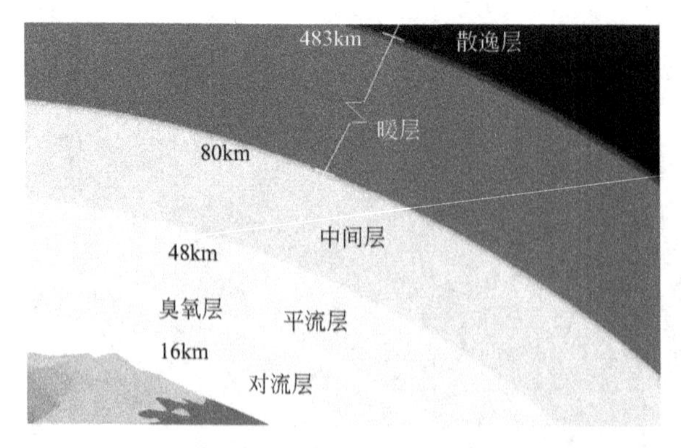

图 4-1　大气圈的 5 个层次

1. 对流层

对流层是大气的最底层，一般指地面以上 10～12km 以内的空气层。此层温度随高度增加而降低。主要天气现象如云、雾、降水都发生在对流层里，大气污染物产生、迁移、转化也主要发生在这一层，因此对流层是对人类生产、生活影响最大的一层。

2. 平流层

位于对流层之上。平流层的温度随高度增加而上升，这一温度分布特点是在15～35km处有厚度约20km的臭氧层存在。臭氧层有阻止和吸收太阳紫外线及外层空间各种宇宙射线辐射的作用，使地面上的生命体免受损害。

3. 中间层

平流层之上是温度随高度增加而下降的中间层，在层顶（高度85km）可降至零下100℃。

4. 暖层和散逸层

距地面85～1000km的空间。该层的温度随高度上升而迅速升高，可达1200℃以上。

二、大气的组成

1. 干洁空气

大气中除去水汽和各种杂质以外的所有混合气体统称干洁空气。它的主要成分是氮、氧、氩和二氧化碳。这四种气体占空气总容积的99.98%。干洁空气各成分间的百分比数从地面直到85km高度间，基本上稳定不变。干洁空气各成分的临界温度很低，在自然界大气的温度、压力变化范围内都呈气态存在。

2. 水汽

水汽是低层大气中的重要成分，含量不多，只占大气容积的0～4%，是大气中含量变化最大的气体。大气中水汽主要来自于地表海洋和江河湖海等水体表面蒸发和植物体的蒸腾，并通过大气垂直运动输送到大气高层。大气中水汽含量在水平方向上也有差异，一般而言，海洋上空多于陆地，低纬多于高纬，湿润、植物茂密的地表多于干旱、植物稀疏的地表。

3. 杂质

杂质是悬浮在大气中的固态、液态的微粒，主要来源于有机物燃烧的烟粒、风扬起的尘土、火山灰尘、宇宙尘埃、海水浪花溅起的盐粒、植物花粉、细菌微生物及工业排放物等。大多集中在大气底层。其中大的颗粒很快降回地表或被降水冲掉，小的微粒通过大气垂直运动可扩散到对流层甚至平流层中，能在大气中悬浮1～3年甚至更长时间。大气杂质对太阳辐射和地面辐射具有一定的吸收和散射作用，影响着大气温度的变化。杂质大部分是吸湿性的，往往成为水汽凝结核心。

第二节 大气污染及主要污染物

一、大气污染

1. 大气污染的定义

按照国际标准化组织（ISO）的定义："大气污染通常是指由于人类活动或自然过程引起某些物质进入大气中，呈现出足够的浓度，达到足够的时间，并因此危害了人体的舒适、健康和福利或环境的现象"。

通俗地说，大气污染就是指本不属于大气成分［正常的大气中主要含对植物生长有好处的氮气（占78%）和人体、动物需要的氧气（占21%），还含有少量的二氧化碳（0.03%）

和其他气体］的气体或物质，如硫化物、氮氧化物、粉尘、有机物等。大气污染主要由人的活动造成，大气污染源主要有：工厂排放、汽车尾气、农垦烧荒、森林失火、炊烟（包括路边烧烤）、尘土（包括建筑工地）等。即凡是能使空气质量变坏的物质都是大气污染物。

2. 大气污染的原因

我国目前的大气污染十分严重，不仅已危害到人们的正常生活，而且威胁着人们的身心健康。造成我国大气污染的主要原因如下。

（1）环境意识薄弱，对可持续发展战略认识不足　大气环境是人类赖以生存的可贵资源，大气环境资源的破坏是一种不可逆的过程，恢复良好的大气环境质量要比采取措施从根本上防止大气污染要付出更高的经济代价。但这种观念长期以来并没有被一些部门和一些地区充分理解和认识。他们只考虑近期的、局部的经济发展需要，在制定一些综合的经济政策、产业政策以及城市建设发展规划中缺乏对保护大气环境的考虑，往往以牺牲环境为代价换取经济的快速发展，形成了盲目扩大生产规模、乱铺摊子、重复建设、技术装备水平低、能源资源浪费大、乡镇企业无序发展、劣质煤炭流通失控等状况。因此说缺乏对环境保护考虑的地方政策的出台，本身就是造成加重大气污染的诱因，所造成的环境危害和损失是难以挽回的。

（2）能源利用不合理，浪费严重　能源的不合理利用以及严重浪费是造成我国大气污染的重要原因之一，据资料显示，主要表现在以下几方面。

① 在我国一次能源消费结构中，煤炭占 75%，而用于发电的煤炭只占总煤量的 35%，其他煤炭则用于工业及民用燃烧，有 84%的煤炭直接燃烧，这种煤炭消费构成是很不合理的。

② 我国煤炭生产过分注重产量的增加，对控制高硫煤地区的煤炭产量增长过快。同时，由于洗煤厂建设资金的限制、洗煤价格的不合理以及铁路运力和流向的制约，洗煤能力的增长落后于原煤生产量增长，原有洗煤厂生产能力不能充分发挥出来。目前，我国煤炭入洗率为 22%，发达国家一般多在 60%～80%。动力煤洗选厂的洗选设备利用率仅为 69%。

③ 各类燃烧设备技术及制造水平较低，能源利用率不高，使用能耗高、排污量大和超期服役的燃烧设备的现象相当普遍。全国工业锅炉 50 万台，平均热效率只有 60%左右，工业窑炉平均热效率约为 40%，城镇居民生活燃煤平均热效率仅有 22%左右。

④ 乡镇工业发展迅速，大多数企业采用的生产技术、工艺比较落后，生产设备简陋，能源资源利用率极低，所造成的大气污染是惊人的。

（3）大气污染防治的资金投入不足　目前，全国污染治理和用于污染防治有关的城市基础设施建设投资，只占国民生产总值的 0.7%，这与我国环境污染严重、历史欠账太多和经济快速发展与对环保投资的需求相比，严重不足。

① 我国工业发展的起点低，基础工业整体水平提高较慢，技术改造难度大，污染欠账多。工业技术和装备许多是 20 世纪 50～60 年代的水平，能源资源消耗高。但由于受到资金的限制，迟迟不能进行整体改造和污染治理，相当一批技术装备落后的工业企业长期在生产中排放大量的污染物，造成严重污染。

② 国家在推行清洁煤炭政策、改善能源结构的措施如煤炭洗选加工、型煤、燃煤脱硫、使用清洁能源等方面的投资力度太弱，远远不能满足需要。

③ 城市集中供热、燃气等基础建设工程是解决问题城市大气环境污染的主要措施。但不少地区仍然发展缓慢，关键还是资金投入不到位的问题。有些城市建完了热电厂，却缺少

资金建设供热管网，分散热源仍然存在，不但没有减少污染，反而增加了排放量。

④ 排污收费标准太低，使得污染企业宁可交排污费，也不愿意花钱治理。

(4) 执法不严，监督管理力度不够　尽管我国在大气污染防治法规和标准建设上取得很大进展，但有法不依、执法不严、违法不究的现象仍然十分严重。

① 一些地方政府干预环保部门执法，批准建设短期经济效益好但能源资源消耗量大、对大气污染严重的工业项目；不执行国家“先评价，后建设”的规定，出现了一些新的不合理布局和污染超标的建设项目；对大气污染防治措施的投资经常留有缺口或将资金挪作他用。

② 地方电厂、地方水泥厂和乡镇企业执法不严，超标现象比较普遍。

③ 由于各地监测机构受到经费的限制，不能普遍开展对污染的经常性监督、监测，从而削弱了环保部门对污染源的日常监督管理。环保设施操作管理比较差，实际运用率低。许多项目尽管开工验收时可达标，但实际运行中却超标排放。据估算，全国目前工业锅炉烟尘排放超标率平均为30%，工业窑炉平均为50%，地方水泥行业的粉尘排放超标率为40%。

④ 机动车污染防治起步晚，排放监督管理机制还未真正建立，各监督执法部门职责不清，监督不力，尤其对汽车制造、销售、使用、报废全过程污染监督管理还很薄弱，机动车排气污染监督检测还未纳入国家大气环境质量和污染的常规监测体系，从而缺乏对机动车排放污染的有效监督。

(5) 缺乏实用的治理技术　我国在大气污染治理技术和设备研制、开发、推广和使用方面，虽然做了不少工作，但与大气污染控制的需求差距还较大，资金、人力的投入以及实用技术商品化的程度远不如发展国家。比较薄弱的环节是洁净煤技术，冶炼、化工、建材等行业的工业窑炉和生产设施排放污染的治理技术，机动车尾气净化技术等。使用技术的缺乏直接影响了大气污染治理的进程和效果。

3. 我国大气污染的特点

我国大气污染的特点主要是由能源结构决定的，属于煤烟型污染。我国能源结构中有75%是由煤为原料组成的。二氧化硫严重超标，酸雨态势扩大，出现酸雨的城市占全国城市半数以上，从分布来看，主要集中在南方。

随着家用汽车拥有量的逐年上升，汽油消耗量急剧增加，氮氧化物、一氧化碳等污染物也进一步增加，城市交通污染可能进一步加剧。为此我国已经将发展电动汽车和轨道交通作为今后交通发展的主要方向，这将有效解决交通能耗污染问题。

二、大气污染物的成分

大气污染物种类很多，已经产生危害并受到人们关注的污染物大致有一百多种。其中主要的有粉尘、硫氧化物、氮氧化物、一氧化碳、臭氧、碳氢化合物等六种。

1. 按污染物形成过程划分

① 原生污染物　由污染源直接排出的，如 SO_2、CO_2、CO 等。

② 二次污染物　指不稳定的原生污染物与空气中原有成分发生反应，或污染物之间相互发生反应而生成的新的污染物，如 NO_2、HNO_3 是 NO 被氧化而生成的污染物。

2. 按污染物的化学组成及性质划分

① 颗粒物；

② 含硫化合物，如 SO_2、SO_3、H_2S 等；

③ 含氮化合物，如 NO_2、NH_3、NO、N_2O 等；

④ 碳氢化合物，如烃等；

⑤ 碳氧化合物，如 CO、CO_2 等；

⑥ 卤素化合物，如 HCl、HF、SiF_4、F_2 等。

三、主要大气污染物的来源

大气污染物主要分为有害气体（二氧化硫、氮氧化物、一氧化碳、碳氢化物、光化学烟雾和卤族元素等）及颗粒物（粉尘和酸雾、气溶胶等）。大气污染的来源有天然污染源和人为污染源。

1. 天然污染源

自然界中因某些自然现象而向环境排放有害物质的现象，是大气污染的一个很重要的方面。与人为污染相比，由自然现象所产生的天然大气污染源种类少、浓度低，在局部地区某一时段可能形成严重的影响。大气污染的天然污染源主要有火山喷发、森林火灾、自然尘等。

2. 人为污染

大气的人为污染源可概括为以下三方面。

（1）燃料燃烧　燃料（煤、石油、天然气等）的燃烧过程是向大气输送污染物的重要发生源。煤是主要的工业和民用燃料，它的作用主要成分为碳，并含有氢、氧、氮、硫及金属化合物。煤燃烧时除产生大量烟尘外，在燃烧过程中还会形成一氧化碳、二氧化碳、二氧化硫、氮氧化物、有机化合物及烟尘等有害物质。火力发电厂、钢铁厂、焦化厂、石油化工厂和有大型锅炉的工厂、用煤量大的工矿企业，根据工业企业性质、规模的不同，对大气产生污染的程度也不同。家庭日常生活用的炉灶，由于居住区分布广泛、密度大，排放高度又很低，再加上无任何处理，所排出的各种污染物的量往往不比大锅炉低，在某些地区甚至更高。

（2）工业生产过程排放　工业生产过程中排放到大气中的污染物种类多、数量大，是城市或工业区大气的主要污染源。工业生产过程中产生废气的工厂很多。例如，石油化工企业排放的二氧化碳、硫化氢、二氧化硫、氮氧化物，有色金属冶炼工业排放出的二氧化硫、氮氧化物以及含重金属元素的烟尘，磷肥厂排出的氟化物，酸碱盐化工工业排出的二氧化硫、氮氧化物、氯化物、一氧化碳、硫化物、酚类、苯类、烃类等。总之，工业生产过程排放的污染物的组成与工业企业的性质密切相关。

（3）交通运输过程中排放　现代化交通运输工具如汽车、飞机、船舶等排放的尾气是造成大气污染的主要来源。内燃机燃烧排放的废气中含有一氧化碳、氮氧化物、碳氢化合物、含氧有机化合物、硫氧化物和铅的化合物等多种有害物质。由于交通工具数量庞大，来往频繁，故排放污染物的量也非常可观。

延伸阅读：机动车尾气排放与人类健康

世界卫生组织与联合国环境组织发表的一份报告说：“空气污染已成为全世界城市居民生活中一个无法逃避的现实。”

这份报告是对全世界 20 个大城市进行了 15 年调查的结果。这些城市是曼谷、北京、孟买、洛杉矶、马尼拉、墨西哥城、新德里、雅加达、卡拉奇、伦敦、开罗、布宜诺斯艾利斯、加尔各答、莫斯科、纽约、里约热内卢、首尔、圣保罗、上海和东京。

调查表明，汽车是最大的单一污染源。在6种主要空气污染成分中，有四种几乎完全来自汽车，即铅、一氧化碳、二氧化碳和臭氧。另外两种污染成分来自工业废气的二氧化硫和浮尘。这些污染正严重毒害着城市居民的呼吸系统、心血管系统、神经系统，并影响儿童智力发育。报告指出，控制空气污染的最好方法是开发并采用"干净"的技术，以减少向空气中排放工业废气，"但这种技术的成本却远远超出许多发展中国家的承受能力"。机动车的出现与发展推动着人类社会的不断进步，给人们的生活提供了极大的方便，但也给人类带来了严重的危害。

机动车尾气排放的主要污染物成分是CO、HC（碳氢化合物）、NO_2（氮氧化物）以及颗粒物等，它们对人体健康、公共环境的影响和危害程度取决于这些有害物的毒性、浓度和侵入量。CO是机动车尾气有害排放物中浓度最高的一种，CO的慢性中毒主要表现为中枢神经受损，记忆力衰退等；当空气中CO的浓度达$90mg/m^3$以上时，人们在接触其几小时后，就能产生恶心、头晕、疲劳等症状，严重时会窒息死亡。汽车尾气中所含HC成分有百余种之多（其中有32种芳烃、9种致癌物质），统称为总碳氢化合物（THC），被人体吸入后会破坏造血机能，造成贫血、神经衰弱、降低肺对传染病的抵抗力。有些化合物如醛类等会直接刺激人的眼、鼻黏膜，使其功能减弱，更严重的是HC和NO_x在阳光照射下，会产生光化学反应，生成对人和生物有严重危害的光化学烟雾。汽车排出的氮氧化物主要是一氧化氮（NO）和二氧化氮（NO_2），总称为氮氧化物（NO_x），NO_x中的NO与血液中血红蛋白的亲和力比CO还强，通过呼吸道及肺进入血液，使血红蛋白失去输氧能力，产生与CO相似的严重后果。NO很容易被氧化成剧毒的NO_2，进入肺脏深处的肺毛细血管，引起肺水肿，同时还能刺激眼黏膜、麻痹嗅觉。汽车尾气中的颗粒物（PM），主要是汽油中的四乙基铅燃烧后生成的铅化物微粒，以及不完全燃烧生成的碳粒等。除浓度外，粒子的直径及其化学性质起决定作用，$5\mu m$以下的粒子可以沉积在肺细胞内，引发肺病变，粒子携带的苯并[a]芘是强致癌物质，可引发癌症。铅化物微粒扩散到大气中，对人体健康十分有害，当血液中铅量积累到一定程度时，将使心、肺等发生病变，侵入大脑时则引起头痛。铅化物对儿童神经系统的危害尤为严重，可引起儿童智力减退和影响正常发育。

第三节　大气污染的危害

一、大气污染对人体健康的危害

大气污染对人体的影响，首先是感觉上不舒服，随后生理上出现可逆性反应，再进一步就出现急性危害症状。大气污染对人的危害大致可分为急性中毒、慢性中毒、致癌三种。

1. 急性中毒

大气中的污染物浓度较低时，通常不会造成人体急性中毒，但在某些特殊条件下，如工厂在生产过程中出现特殊事故，大量有害气体泄漏外排，外界气象条件突变等，便会引起人群的急性中毒。如印度帕博尔农药厂甲基异氰酸酯泄漏，直接危害人体健康，发生了2500人丧生，十多万人受害的惨剧。

2. 慢性中毒

大气污染对人体健康的慢性毒害作用，主要表现为污染物质在低浓度、长时间连续作用于人体后，出现的患病率升高等现象。我国城市居民肺癌发病率很高，其中最高的是上海市，城市居民呼吸系统疾病明显高于郊区。

3. 致癌

大气污染长期影响的结果，可能会导致癌症的发生。这是由于污染物长时间作用于肌体，损害体内遗传物质，引起突变，如果生殖细胞发生突变，使后代机体出现各种异常，称致畸作用；如引起生物体细胞遗传物质和遗传信息发生突然改变，称致突变；如果诱发成肿瘤则称为致癌。这里所指的“癌”包括良性肿瘤和恶性肿瘤。环境中致癌物可分为化学性致癌物、物理性致癌物、生物性致癌物等。致癌过程相当复杂，一般有引发阶段、促长阶段。能诱发肿瘤的因素，统称致癌因素。由于长期接触环境中致癌因素而引起的肿瘤，称环境瘤。

二、大气污染对工农业的危害

大气污染对工农业生产的危害十分严重，大气污染物对工业的危害主要有两种：一是大气中的酸性污染物和二氧化硫、二氧化氮等，对工业材料、设备和建筑设施有腐蚀作用；二是飘尘增多，给精密仪器、设备的生产、安装调试和使用带来不利影响。大气污染对工业生产的危害，从经济角度来看就是增加了生产的费用，提高了成本，缩短了产品的使用寿命。

大气污染对农业生产也造成很大危害。酸雨可以直接影响植物的正常生长，又可以通过渗入土壤及进入水体，引起土壤和水体酸化，有毒成分溶出，从而对动植物和水生生物产生毒害。严重的酸雨会使森林衰亡和鱼类绝迹。

三、大气污染对气候的危害

大气污染物对天气和气候的影响是十分显著的，可以从以下几方面加以说明。

1. 减少到达地面的太阳辐射量

从工厂、发电站、汽车、家庭取暖设备向大气中排放的大量烟尘微粒，使空气变得非常浑浊，挡住了阳光，使得到达地面的太阳辐射量减少。据观测统计，在大工业城市雾霾不散的日子里，太阳光直接照射到地面的量比没有雾霾的日子减少近40%。大气污染严重的城市，天天如此，就会导致人和动物因缺乏阳光而生长发育不良。

2. 增加大气降水量

从大工业城市排出来的微粒，其中有很多具有水汽凝结的作用。因此，当大气中有其他一些降水条件与之配合的时候，就会出现降水天气。在大工业城市的下风地区，降水量更多。

3. 下酸雨

有时从天空落下的雨水中含有硫酸，这种酸雨是大气中的污染物二氧化硫经过氧化形成硫酸，随自然界的降水下落形成的。酸雨能使大片森林和农作物毁坏，能使纸品、纺织品、皮革制品等腐蚀、破碎，能使金属的防锈涂料变质而降低保护作用，还会腐蚀、污染建筑物。

4. 升高大气温度

在大工业城市上空，由于有大量废热排放到空中，近地面空气的温度比四周郊区要高一些。这种天气现象在气象学中称作“热岛效应”。

5. 对全球气候的影响

近年来，人们逐渐注意到大气污染对全球气候变化的影响。研究者认为，在有可能引起气候变化的各种大气污染物质中，二氧化碳具有重大作用。从地球上无数烟囱和其他种种废气管道排放到大气中的大量二氧化碳，约有50%留在大气里。二氧化碳能吸收来自地面的长波辐射使近地面层空气温度升高，这称作“温室效应”。经粗略估计，如果大气中的二氧化碳含量增加25%，近地面气温可以增加0.5～2℃。如果增加100%，近地面温度可以增加1.5～6℃。有些专家认为，大气中的二氧化碳含量按照现有的增长速度发展，若干年后会使得南北极的冰融化，海平面上升，四季雨水量失衡，最终导致全球的气候异常。

延伸阅读：关于PM2.5

近来我国多个省市再次出现持续浓重的雾霾天气，使得PM2.5这一专业术语，成为民众口中的热词。PM是英文particulate matter（颗粒物）的首字母缩写。PM2.5是指大气中直径小于或等于2.5μm的颗粒物，也称为可入肺颗粒物。用PM2.5表示每立方米空气中这种颗粒的含量，数值越高，空气污染越严重。WHO认为，PM2.5小于10μg是安全值；而我国的多个地区全部高于50μg接近80μg，比撒哈拉沙漠地区PM2.5值还要高很多。全球PM2.5最高的地区在北非和我国的华北、华东、华中部。虽然PM2.5只是地球大气成分中含量很少的组分，但它对空气质量和能见度等有重要的影响。与较粗的大气颗粒物相比，PM2.5粒径小，富含大量的有毒、有害物质，且在大气中的停留时间长、输送距离远，因而对人体健康和大气环境质量的影响更大。

PM2.5可以直接进入肺泡，对人体产生全方位的影响。特别是1～3μm的颗粒，会深入肺泡。颗粒被巨噬细胞吞噬，永远停留在肺泡，对心血管和神经系统都有影响。对人体危害最大的不是颗粒物本身，而是颗粒物上吸附的化学物质。比如吸附了致癌物就有致癌效应，吸附了重金属就有重金属的危害。

每到雾霾弥漫之时，支气管哮喘、慢性支气管炎、肺炎等患者明显增多，都是大气中的可吸入颗粒在作祟。一般直径大于5μm的微粒易被呼吸道阻隔，部分可以通过咳嗽、咯痰等排出体外。这种“粗”颗粒并非对人体危害最大。PM2.5的粒径不到头发丝的1/20（图4-2），它们中有50%会沉积在肺中造成肺部硬化。过去一直认为吸烟是引发肺癌的首因，现在看来，大气污染的日益严重和肺癌发病率的上升有着密切的关系。我国吸烟者的总数量在逐年下降，但肺癌的发病率却在过去30年间上升了46.5%。

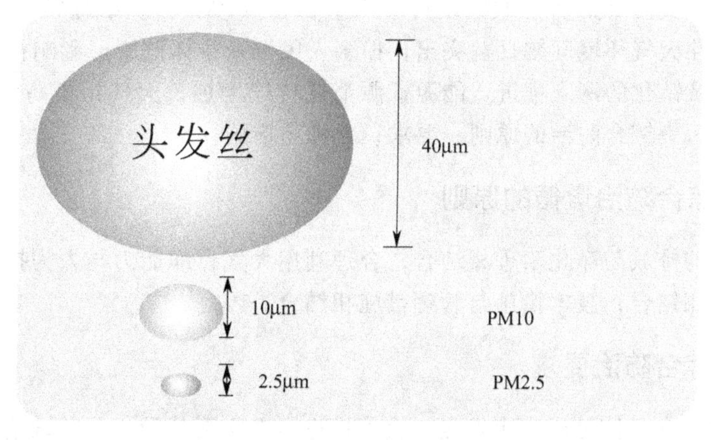

图4-2　PM2.5与头发丝的对比

“我们深吸一口气，即便空气看起来纯净清透，但是肯定已经有数以百万计的PM2.5吸进了肺部。环境被不停地破坏，最后人类面临的将是没有可供呼吸的空气。”没有谁会因为呼吸了几口受污染的空气，立即罹患呼吸系统疾病。PM2.5对人体健康的危害是一个长期的过程，更多的时候会成为一些疾病的诱因。PM2.5的表面会附着大量的重金属和有机物，这些物质随着PM2.5一起进入人体，不论是沉积在肺部还是进入血液，都容易引发炎症，危害健康。一些体质弱、年龄大，或本身就患有慢性肺炎、哮喘等疾病的人，在PM2.5的刺激下，很容易旧病复发或是引发新的疾病。另外，由于PM2.5颗粒细微，可以透过肺泡进入血液，容易附着在血管斑块上面，造成血管阻塞，引发心脑血管疾病。

实验数据显示，PM2.5表面附着的有机物主要成分为多环芳烃，其具有较高的致肺癌活性，这已被证实。多环芳烃浓度每增加一倍，癌症发病率就会增加3.3倍。这一有机成分主要来自汽车尾气，尤其是柴油在燃烧不充分时生成较多。

秋冬季节是雾霾天气多发时节，在雾霾发生时，应尽量避免户外活动。如果外出，最好戴上口罩。尽管PM2.5很难被口罩阻隔，但口罩至少还能阻隔大颗粒浮尘，对呼吸系统有保护作用。如果持续出现雾霾天气，即便是健康人群，也会出现不适症状，所以人人都需要做好防护。有些人认为，不到户外去就可远离PM2.5，其实这种认识也不正确。在室内环境中一样会有多量的PM2.5存在。主要来源：一是厨房油烟，二是吸烟。近年来女性肺癌发病率上升，与大多数家庭长年由家庭主妇来完成一日三餐有很大关联。所以，厨房内应安装功效好的排油烟机；并且尽量少做煎、炸等产生大量油烟的食物。至于吸烟者，烟雾不仅危害自己，也伤害他人。

第四节 大气污染的综合防治

大气污染具有明显的区域性、整体性特征，其污染程度受该地区的自然条件、能源构成、工业结构和布局、交通状况及人口密度等的影响，只有纳入区域环境综合防治之中，才能真正解决大气环境的污染问题。

所谓大气污染综合防治，即从区域环境整体出发，综合运用各种防治大气污染的技术措施和对策，充分考虑区域环境特征，对影响大气质量的多种因素进行综合系统分析，提出最优化的对策和控制技术的方案，以期达到区域大气环境质量控制目标。

当前，我国大气污染形势严峻，以可吸入颗粒物（PM10）、细颗粒物（PM2.5）为特征污染物的区域性大气环境问题日益突出，损害人民群众身体健康，影响社会和谐稳定。随着我国工业化、城镇化的深入推进，能源资源消耗持续增加，大气污染防治压力继续加大。为此确定了大气污染综合防治的原则、要求、目标与措施。

一、大气污染综合防治遵循的原则

减少污染物的排放与净化治理相结合；合理利用大气自净能力与人为措施相结合；分散治理与集中控制相结合；技术措施与管理措施相结合。

二、大气污染综合防治要求

以保障人民群众身体健康为出发点，大力推进生态文明建设，坚持政府调控与市场调节相结合、全面推进与重点突破相配合、区域协作与属地管理相协调、总量减排与质量改善相同步，形成政府统领、企业施治、市场驱动、公众参与的大气污染防治新机制，实施分区域、分阶段治理，推动产业结构优化、科技创新能力增强、经济增长质量提高，实现环境效益、经济效益与社会效益多赢，为建设美丽祖国而奋斗。

三、大气污染综合防治目标

经过五年努力，全国空气质量总体改善，重污染天气较大幅度减少；京津冀、长三角、珠三角等区域空气质量明显好转。力争再用五年或更长时间，逐步消除重污染天气，全国空气质量明显改善。

四、大气污染综合防治措施

为达到上述目标，主要采取了以下措施。

(1) 地方政府对环境质量负责，走可持续发展的道路　各级政府要对本辖区的大气环境质量负责，充分认识走可持续发展道路的重要性。在研究经济社会发展的重大战略和重大项目时，应充分考虑环境保护的要求。城市大气环境质量应普遍达到国家二级标准。采取措施落实绿色工程规划和主要污染物排放总量控制计划，根据本辖区大气环境质量控制目标分解总量指标，并从资金、监督管理等方面予以保证。尤其是大、中、小型新建、扩建、改建和技术改造排放二氧化硫和烟尘的项目，必须采取有效措施控制污染物排放总量，或者由项目建设单位或当地人民政府负责削减区域内其他污染源的排放量，确保大气污染物排放量控制在区域总量控制指标内。

(2) 合理安排工业布局和城镇功能分区　应结合城镇规划，全面考虑工业的合理布局。工业区一般应配置在城市周边或郊区，位置应当在当地最大频率风向的下风侧，使得废气吹向居住区的次数最少。居住区不得修建有害工业企业。加强绿化，植物除美化环境外，还具有调节气候，阻挡、滤除和吸附灰尘，吸收大气中的有害气体等功能。加强对居住区内局部污染源的管理。如饭馆、公共浴室等的烟囱、废品堆放处、垃圾箱等均可散发有害气体污染大气，并影响室内空气，卫生部门应与有关部门配合，加强管理。

(3) 发展清洁能源，改善能源消费结构　逐步减少直接消费煤炭，提高使用燃气、电力等清洁能源的消费比例。逐步提高车用燃油质量和标号，加速淘汰含铅汽油，使我国的汽油尽快向无铅化、高标号方向发展。2000 年已完成禁止生产、销售和使用含铅汽油的任务。积极开发各种低污染汽车，如天然气汽车、液化气汽车、甲醇汽车、电动汽车等。

(4) 推行煤炭洗选加工，控制高硫分、高灰分煤炭污染　严格控制高硫分、高灰分煤炭的开采和推行煤炭洗选是减排二氧化硫的重要措施，并作出以下规定：

① 不得再批准开采硫分大于 3%的煤矿，对现有硫分大于 3%的煤矿实行限产、配采或予以关停；

② 大力提高原煤入洗率。对新建硫分大于 1.5%的煤矿要求配套建设煤炭洗选设施。对现有硫分大于 2%、无机硫含量占总硫分大于 50%的煤矿，尽快配套建设煤炭洗选设施；

③ 对于煤炭洗选后没有回收硫铁矿的煤矸石，不能作为燃料用于发电。

(5) 淘汰落后生产工艺，防治工业废气污染　淘汰严重污染环境的落后工艺和设备，采用技术起点高的清洁工艺，最大限度地减少能源和资源的浪费，从根本上减少污染物的产生和排放，减少末端污染治理所需的资金投入。

① 国家已发布第一批限期淘汰的严重污染大气环境的工艺和设备名录，提出可替代的

先进工艺和设备；规定普通立窑生产水泥、化铁炼钢、平炉炼钢、横罐炼铸、部分铁合金电炉和部分水泥机械化立窑等生产工艺和设备的淘汰期限；禁止在新建、改建、扩建和技改项目中使用淘汰的工艺和设备，超过限期的，要坚决取缔。要继续取缔、关停小造纸、土法炼铅、土法炼焦、土法炼硫黄等污染严重的企业，认真执行以上措施，使烟尘和二氧化硫的减排量达到最大化。

② 改组、改造地方中小水泥厂，用静电除尘或袋式除尘器取代旋风除尘器，关停小立窑等措施，使水泥企业工业粉尘除尘效率达到 80%。用静电除尘取代原有电厂的水膜、旋风低效除尘，这些措施是解决当前烟尘污染的重要技术。

③ 着重解决人民群众反映强烈的一些大气污染问题，主要是严重超标排放的工业有毒、有害、有异味的大气污染问题。

五、加强大气污染防治实用技术的推广

从我国国情出发，尽快开发推广技术可靠、经济合理、配套设备过关的大气污染防治实用技术，重点领域包括煤炭洗选脱除有机硫、工业型煤、循环流化床锅炉、煤的气化和液化、烟气脱硫、转炉炼钢收尘、焦炉烟气治理、陶瓷砖瓦窑黑烟治理等。

六、完善环境监督管理制度

① 所有超标排放的大气污染物应达标排放，制订实施计划，落实治理资金，分阶段完成限期治理任务。

② 各地将排污总量指标分配到排污单位，实施排污许可证制度，使排污单位明确各自的污染物排放总量控制目标，对污染源排放总量实施有效控制。排污单位必须按照环境保护部门核定的允许排放量组织生产。

③ 建立对工业部门环保工作的监督机制，要求各部门切实采取措施落实本行业的环保计划。

④ 提高二氧化硫排污收费标准，使其逐步达到高于治理成本，促使排污企业积极增加投入，主动治理污染。

⑤ 进一步加强城市烟尘控制区的监督管理，提高建设烟控区的标准和监测频率，配备烟尘总量计量装置。加强对除尘器等环保设备的制造、安装和使用的监督管理，加快淘汰各种低效除尘器和原始排放浓度高的落后锅炉。充分发挥城市已有集中供热设施的作用，城市热网范围内不允许新建分散供热锅炉，已有分散供热锅炉应要求限期拆除。

⑥ 提高大气环境监测及大气污染源监督监测的技术水平，改善监测装备条件，建立酸雨监测网络。

⑦ 逐步完善机动车排气污染监督管理体系，建立环保部门统一监督管理、部门协调分工的管理体系和运行机制，进一步加大执法监督力度。实施对车辆定型、生产、进口、使用的全过程污染监督管理。在全过程管理中，执行相应的国家机动车排放标准，对未达到国家机动车排放标准的车辆不准制造、销售、进口和使用。完善老旧车报废制度，对严重超标排放的车辆予以取缔，以提高在用车尾气排放标准，改善大气环境质量。

七、践行保护全球大气环境的国际公约

我国于 1989 年 9 月加入“保护臭氧层维也纳公约”，1991 年 6 月成为修正后的《关于

消耗臭氧层物质（ODS）的蒙特利尔议定书》（以下简称《议定书》）缔约国。《议定书》是迄今为止最具强制性限控目标的国际环境公约。随着发达国家在 1996 年基本停止了消耗臭氧层物质的生产和消费，我国已成为世界上最大的消耗臭氧层物质的生产国和消费国之一，在发展经济、提高人民生活水平的同时，按限控目标淘汰消耗臭氧层的物质，是一件非常艰巨而长期的任务。近年来，我国政府以及生产和消费消耗臭氧层物质的工业界已经作出很大努力，但还面临很多困难，我们要继续争取国际社会更多的技术支持，在国内有关部门的配合和帮助下，不断强化管理，以确保限控目标的全面完成。

延伸阅读：历史上最严重的一次大气污染

由于海湾战争，科威特 200 口油井燃起的黑烟遮天蔽日，燃烧的大火持续时间之长举世罕见，致使海湾及其周边地区环境污染十分严重。曾有报道称，科威特下午两点上街开车要打亮前灯，居民出门得靠手电寻路，人们饱受二氧化硫及碳氢化合物的侵害。据有关人士说，科威特油井燃烧 3 个月到半年就能产生 150 万吨烟尘，形成半个美国那么大的烟云，使阿富汗、印度等国深受其害，浓烟蔽日，天空变暗，大量烟尘将使印度大陆的气温下降好几度。这也使该地区在雨季到来之时不再下雨，对该地区几个国家已经十分紧张的粮食产量造成直接威胁，因为烟尘的阻碍，使到达地面的太阳能减少 20%，从而使该地区的气温下降 4℃。并预言，油井燃烧所产生的烟尘将使北半球一半地区的气候受到破坏。美国威尔士的化学工程师约翰·考克斯所作的估计更为悲观，他说，浓重的烟云可能使海湾地区的白昼气温下降 20℃之多。可见海湾战争所造成的大气污染在世界历史上是极其严重的。

各抒己见

你感觉身边的空气质量有变化吗？说一说是什么样的变化？

第五章

水污染及其防治

知识导航

水是人类生物赖以生存的物质基础。本章主要介绍有关水的基本知识；水资源的基本情况；水污染指标及标准；水污染和治理的基本措施及工艺技术。

第一节　概　　述

一、水体及水的分类

水是地球上一切生命赖以生存、生活和生产不可缺少的基本物质之一。地球生命起源于水，而且依赖于水分才能维持。20 世纪以来，由于世界各国工农业的迅速发展，城市人口的剧增，缺水已是当今世界许多国家面临的重大问题，尤其是城市缺水状况越来越严峻，已经引起各国的重视和关注。

1. 水体

水体是河流、湖泊、沼泽、水库、地下水、冰川和海洋等“储水体”的总称。在环境科学领域中，水体不仅包括水，也包括水中悬浮物、底泥和水中生物等。

2. 水的分类

（1）地表水

① 江河水　水量充足，自净能力强，水质好。

② 湖库水　流速较慢，水中物质易于沉积，浊度较高，易于水中浮游生物繁殖。当水中浮游生物繁殖严重时会使湖水变臭，并有色度。

③ 海水　水量巨大，但矿物质多，水质硬，咸水，经淡化后才能使用。

④ 水塘水　水量更少，自净能力差，常带异味和色度，含大量有机物和细菌。

（2）地下水

① 浅层水　深度一般为几十米内，受降雨影响大。为农村主要饮水源，经表面土层渗滤，水质较好。

② 深层水　一般不会受污染，水质好，污染少，但盐类及矿物质多，硬度大。

③ 泉水　由地层断裂自行涌出，水质好，可饮用。

（3）降水　雨、雪、雾、雹等。

二、天然水中的主要物质

1. 天然水的组成

(1) 悬浮物质　在水质分析中，悬浮物质是粒径大于 10^{-7}m 的物质，如泥沙、黏土、藻类、原生生物、细菌和其他不溶物质。这些微粒常常悬浮在水流中，水产生的浑浊现象也都是由此类物质造成的。这些微粒很不稳定，可以通过沉淀和过滤而除去，水在静止时，重的微粒会沉降下来，轻的微粒会浮于水面。另外，这些物质的存在还可以使水有色或产生异味，有的细菌会致病。

(2) 胶体物质　水中的胶体物质主要是指粒径在 10^{-7}～10^{-9}m 范围内的物质。胶体是许多分子和离子的集合物，如腐殖酸胶体等高分子化合物及硅酸等凝胶物质。天然水中的无机矿物质胶体主要是铁、铝和硅的化合物。水中的有机胶体物质主要是植物或动物的肢体腐烂和分解而生成的腐殖物，其中以湖泊水中的腐殖物含量最多，因此，常常使水成黄绿色或褐色。

由于水中的胶体物质的微粒小、质量轻，单位体积所具有的表面积很大，故其表面具有较大吸附能力，常常吸附着较多的离子而带电。所以胶体颗粒不能借助于重力自行沉降而除去，一般是在水中加入药剂破坏其稳定，使胶体颗粒增大而沉降后，予以除去。

(3) 溶解物质　水体中较多的是粒径小于 10^{-9}m 呈溶解状态的物质，按其性质又可分为盐类、气体和其他有机化合物。

2. 天然水的化学成分

天然水是组成极其复杂的溶液，而且各类不同形态的组成也是十分复杂的，天然水中的化学成分可以分为以下几类。

(1) 各种离子　水体中溶解的主要有 Cl^-、SO_4^{2-}、HCO_3^-、CO_3^{2-}、K^+、Na^+、Ca^{2+}、Mg^{2+} 等八大离子。

(2) 溶解气体　天然水中溶解的气体主要有氧气、二氧化碳、氮气、水、甲烷、氢和水蒸气等。

(3) 有机物　水中的有机物主要由 C、H、O 组成，同时含少量的 N、P、S、K、Ca 等元素。

(4) 微量元素　所谓微量元素，是指在水中含量小于 10mg/L 的元素。水中比较重要的微量元素有 F、Br、I、Cu、Zn、Pb、Co、Ni、Ti、Au、B 等以及放射性元素 U、Ra、Rn 等。

第二节　水体的污染及污染物

一、水污染的定义

水体污染是指排入水体中的污染物在数量上超过了该物质在水体中的本底含量和水体环境容量，从而导致水体的物理特征、化学特征、生物特征或放射性等方面发生不良变化，破坏了水中固有的生态系统，破坏了水体的功能及其在经济发展和人们生活中的作用，危害人体健康或破坏生态环境。或者说，排入水体中的污染物超过水体的自净能力，从而导致水体水质恶化。

二、水体污染源

自然污染源主要是自然原因造成的，如特殊地质条件使某些地区的某种化学元素大量富集；天然植物在腐烂过程中产生某种毒物；降雨淋洗大气和地面后携带各种物质流入水体；海水倒灌，使河水的矿化度增大，尤其是氯离子大量增加；深层地下水沿地表裂缝上升，使地下水某种矿物质含量增高等。人为污染有以下几种。

1. 工业污染源

这是对水体产生污染的最主要的方面，在我国，工业废水排放量在全国污水排放量中占有重要位置。工业废水种类繁多、成分复杂。工业企业越多，废水量越大。工业废水的性质因企业采用的工艺过程、原料、药剂、生产用水的总量和质量等条件的不同而有很大差异。工业废水含多种污染物，如重金属、氰化物、苯等，成分复杂，水体一旦被污染则不易净化和恢复。

2. 生活污染源

人类生活消费活动产生的污水主要来自城市。居民在日常生活中会排放出各种污水，如洗涤衣物、淋浴、烹调用水、冲洗便器等的污水。其数量、浓度与生活用水量有关，用水量越多，污水量越大，但污染物浓度越低。生活污水还含大量细菌，因此不经处理的生活污水排入水体后，会成为传染病发生和传播的主要原因。

3. 农业污染源

农业污染源是指农业生产造成的污染源，主要包括农业生产中农药、肥料及不合理的污水灌溉。农药厂排出的含农药废水污染地面，农田大面积使用农药已成为一个重要的污染源。农药会污染地面水，使水生生物、鱼贝类有较高的农药残留，加上生物富集，会危害人类的健康和生命。

4. 交通污染源

铁路、公路、航海等交通运输部门，除了直接排放各种作业废水，还有船舶的石油泄漏，汽车尾气中的铅通过大气降水而进入环境等，都会造成水体污染等。

三、水体中的主要污染物

水中污染物的种类繁多，按照学科分类，可分为物理性污染、化学性污染、生物性污染等。

1. 物理性污染

（1）颗粒状污染物　水体中的颗粒状污染物主要来源于水力冲灰、洗煤、食品、屠宰、建筑、冶金、造纸、采矿等工业废水及生活污水中的浮渣。水体受悬浮颗粒污染后，浓度增加，透明度减弱，会影响水生生物的光合作用，抑制其生长繁殖，进而妨碍水体的自净作用。另外，悬浮颗粒可能堵塞鱼鳃，导致鱼类窒息死亡；悬浮颗粒还可能沉积于河底，造成底泥积累与腐化，使水体环境恶化。

（2）热污染　热电厂等工厂的冷却水是热污染的主要来源，直接排入水体，可引起水温升高，溶解氧减少，某些毒物的毒性升高，导致鱼类死亡或水生生物种群改变。热污染一方面会降低水资源的利用价值，另一方面还会破坏水体生态系统。如使水温升高，水体的物理、化学性质发生改变，重金属离子的毒性增大，加速水中的各类反应。另外，水温升高，还会使藻类生长繁殖速度加快，使水中溶解氧浓度降低，原有水生生物缺氧而无法正常生存和繁殖，甚至大量死亡。

（3）放射性污染物 放射性污染物是指含放射性元素的物质对水体的污染，天然水中本底含量的微量放射性物质的放射性一般都很弱，对生物没什么危害。但铀矿开采和精炼、原子能工业、放射性同位素的使用、核试验、核电站、核潜艇等人工活动会产生过量的放射性污染物，通过饮水和食物链进入人体和各种生物体，损害机体组织，并可蓄积在机体内造成贫血、白细胞增生，严重的会造成遗传变异和诱发恶性肿瘤。

2. 化学性污染

（1）酸碱盐等无机污染物 污染水体的酸碱主要来自于矿山排水及人造纤维、酸法造纸、酸洗废液等工业污水。污染水体中的碱主要来自于碱法造纸、制化学纤维、制碱、制革、炼油等工业污水。酸性污水与碱性污水中和可产生各种盐类，因此酸碱的污染必然伴随着无机盐的污染。酸碱污染物不仅能改变水体的 pH 值，还会造成水体含盐量增高、硬度变大，水的渗透压增大，采用这种水灌溉会使农田盐渍化，对淡水生物和植物生长有不良影响。

（2）非金属无机物 氰化物在工业上用途广泛，如可用于电镀、矿石浮选等，同时也是多种化工产品的原料，因而很容易对水体造成污染。

（3）重金属与无机毒物 Hg、Cd、Pb、Cr、As 及其化合物具有明显的生物毒性，其他重金属如 Zn、Cu、Co、Ni、Sn 等也都有一定的毒性。重金属进入水体后，可通过沉淀、吸附等进行反应，通过食物链在生物体内逐步富集，再通过食物、饮水或皮肤表面进入人体，它不易排泄，能在人体某些器官累积，使人慢性中毒。

（4）有机无毒物 主要指需氧有机物。需氧有机物种类繁多、组成复杂，现有技术难以分别定量、定性分析。相当多的需氧有机物不具毒性，也比较容易被微生物分解，但是需氧有机物的来源多、排放量大，所以污染范围广，绝大多数水体污染后都有此类污染物质。

（5）有机有毒物 水体中难分解的有机有毒物主要有有机氯农药、有机磷农药和有机汞农药。有机氯农药可长期残留于水体、土地和生物体中，通过食物链富集而进入人体，在脂肪中蓄积。它的毒性缓慢但残留时间长，可以在肝、肾、甲状腺、脂肪等组织和部位逐步蓄积，引起肝肿大、肝细胞变性或坏死等病变。有机磷农药毒性虽强但可以分解，残留时间短，短期大量摄入可引起急性中毒，导致神经功能紊乱，出现恶心、呕吐、呼吸困难、肌肉痉挛、神志不清等。有机汞农药性质稳定、毒性大、残留时间长，降解产物仍有较强毒性。据统计，全世界每年有 100 多万人农药中毒，其中有 5000～2 万人死亡。

3. 植物营养物

从农作物生长角度看，植物营养物是宝贵的物质，但过多的植物营养物进入天然水体却会使水体质量恶化，影响水产品的产量和质量，危害人体健康。水体的富营养化可使死亡的动植物腐烂沉积，使水质不断恶化，最后可能会使某些湖泊衰老死亡，变成沼泽甚至干枯成旱地。另外由于大量动植物有机体的产生和他们自身的遗体被分解，需要消耗水中的溶解氧，使水体处于完全缺氧状态。因此，水体的富营养化亦是水体遭受污染的一项重要标志。

4. 油类污染物

随着石油工业的发展，油类物质对水体的污染越来越严重，在各类水体中以海洋受到油类污染最严重。目前通过不同途径排入海洋的石油数量每年为几百万吨至几千万吨。

① 水体中油污染的主要来源有：船舶造成的油污染、沿海沿河工业造成的油污染、海底石油开采造成的油污染。

② 油污染破坏优美的海滨风景，降低其作为疗养、旅游地等的使用价值；严重危害水生生物，尤其是海洋生物；石油组成成分中含有毒物质，大多数芳烃致癌；油膜厚4～10cm就会阻碍水的蒸发和氧气进入，在被污染地区可能影响水的循环及水中鱼类生存；引起河面火灾，危及桥梁、船舶等。

5. 致病污染物

致病污染物主要指的是含有各种细菌、病毒、微生物等各类病原菌的工业水和生活水。病原微生物的主要危害是致病，而且易呈爆发性流行。

除上述各种污染外，还有像恶臭污染物、放射性污染物等。

四、水体污染的危害

日趋加剧的水污染，已对人类的生存安全构成重大威胁，成为人类健康、经济和社会可持续发展的重大障碍。据世界权威机构调查，在发展中国家，各类疾病有80%是因为饮用了不卫生的水而传播的，每年因饮用不卫生的水至少造成全球2000万人死亡，因此，水污染被称作“世界头号杀手”。水体污染影响工业生产、增大设备腐蚀、影响产品质量，甚至使生产无法进行。还会影响人民生活，破坏生态，直接危害人的健康，损害很大。

1. 对人体健康的危害

水污染后，通过饮水或食物链，污染物进入人体，会引起人急性或慢性中毒。砷、铬、铵类、苯并［*a*］芘等还可诱发癌症。被寄生虫、病毒或其他致病菌污染的水，会引起多种传染病和寄生虫病。被重金属污染的水，对人的健康均有危害。被镉污染的水、食物，人饮食后，会造成肾、骨骼病变，摄入硫酸镉20mg就会造成死亡。铅造成的中毒，会引起贫血，神经功能紊乱。六价铬有很大毒性，会引起皮肤溃疡，还有致癌作用。饮用含砷的水，会发生急性或慢性中毒，砷使许多生物酶受到抑制或失去活性，造成机体代谢障碍，皮肤角质化，引发皮肤癌。有机磷农药会造成神经中毒。有机氯农药会在脂肪中蓄积，对人和动物的内分泌、免疫功能、生殖机能均可造成危害。稠环芳烃多数具有致癌作用。氰化物也是剧毒物质，进入血液后，与细胞的色素氧化酶结合，使呼吸中断，造成呼吸衰竭窒息死亡。人类五大疾病——伤寒、霍乱、胃肠炎、痢疾、传染性肝炎——均由水的不洁引起。

2. 对工农业生产的危害

水质污染后，工业用水必须投入更多的处理费用，造成能源资源的浪费；食品工业用水要求更为严格，水质不合格，会使生产停滞。这也是工业企业效益不高，质量不好的影响因素。农业使用污水，会使作物减产，品质降低，甚至使人畜受害，大片农田遭受污染，降低土壤质量。海洋污染的后果也十分严重，如石油污染，造成海鸟和海洋生物死亡。

3. 对水生生态系统的危害

在正常情况下，氧在水中有一定溶解度。溶解氧不仅是水生生物得以生存的条件，而且氧参与水中的各种氧化-还原反应，促进污染物转化降解，是天然水体具有自净能力的重要原因。含有大量氮、磷、钾的生活污水的排放，使大量有机物在水中降解放出营养元素，促进水中藻类丛生，植物疯长，使水体通气不良，溶解氧下降，甚至出现无氧层，致使水生植物大量死亡，水面发黑，水体发臭，形成死湖、死河、死海，进而变成沼泽。这种现象称为水的富营养化。富营养化的水臭味大、颜色深、细菌多，这种水的水质差，不能直接利用。

延伸阅读：谁来拯救海洋生物？

一个由著名的海洋生物学家组成的调查小组宣布，全球海洋生物的疾病正在增多。气候变暖、环境污染和海上养殖等人类活动，导致病毒和寄生虫大规模蔓延，未来海洋生物的多样性正面临严重威胁。

1. 油船泄漏，殃及“鱼池”

近年来，随着全球经济的发展，通过海上运输的原油量急剧增加，油轮遭遇海难受损导致原油泄漏的事故也频频发生。

1999 年 12 月，满载 2 万吨石油的油船在布列斯特港以南 70km 处海域沉没，造成大量的石油泄漏，严重污染了附近海域及沿岸一带（图 5-1）。加上飓风肆虐，致使污染向临近陆地大面积蔓延，严重破坏了鸟类的生存环境。这次事故恰恰发生在海鸥等海鸟向这片海域迁徙以躲避寒冬，因此受污染海鸟众多。有人估计，因污染而死亡的海鸟数目最终会超过 30 万只。这次事件对鸟类的损害在欧洲史上是非常严重的。

图 5-1 被石油污染的海滩

2. 垃圾填海，人祸猛于虎

在地中海沿岸，居住着 1.3 亿人，每年夏天还有 1 亿游客来到这里。他们所丢弃的垃圾及废物的 80%（每年超过 5 亿吨），都不加任何处理地排入大海。这些垃圾严重地破坏了沿海的环境。

联合国环境规划署称，陆地上的人类活动造成每年大约 6 万吨清洁剂、100t 水银、3800t 磷酸盐等化学物质排入地中海。此外，需要数百年才能分解的塑料垃圾不断增加，多于 100 万吨的原油从船上泄漏进大海。这些污染，使得地中海海岸生态系统十分脆弱，极易遭受外来生物物种的侵害。最严重的问题是水体富营养化，其中主要有两种形式，一种是由腰鞭毛虫的聚集而产生的“赤潮”，另一种是大量由硅藻分泌的黏液状泡沫。

3. 海洋生物，弱不禁风

仅仅在 30 年前，科学家们还认为，海洋是浩瀚无垠的，所以相对来说不会受到人类的影响。但是，最近的证据表明，海洋已变得同陆地环境一样脆弱。

一些著名的海洋研究学家强调，近年来，一系列令人不安的报告显示，传染病对海洋生物的威胁不断增加。这些传染病导致鱼类、海洋哺乳动物、珊瑚礁和海水植物大量死亡。他们列举了 1983 年以来 34 起大批生物死亡的例子，说明超过 10%的海洋生物已经灭绝，而且除了其中的 7 起之外，其余大批生物死亡时间都发生在最近 20 年内。生物学家同时警告说，还有许多疾病的爆发尚未被察觉。

4. 交叉感染，令人担忧

海洋生物感染的灾难是毁灭性的。20世纪80年代，一种神秘的病原体突然蔓延，几乎毁灭了加勒比海域一种常见的海胆。科学家们形容这种海胆是“基本的食草动物”，它的濒临灭绝导致这个地区的珊瑚礁被海藻植物所代替。与此同时，其他一些不知名的传染物质还毁灭了这个地区最常见的一些海洋生物，例如佛罗里达湾4000平方千米的泰来藻。

人类的影响直接造成海洋物种交叉感染的问题更令人担忧。比如，西伯利亚贝加尔湖中下游的淡水海豹受到犬热病的感染。又如，海洋扇形珊瑚受到土壤中真菌感染。这说明陆地-海洋的自然屏障正在被打破，海水升温及化学污染使海洋生物对传染病的抵抗力大大下降。研究者强调，目前人类还无法发现和诊治海洋中的许多疾病，这意味着跨学科地研究这个问题已迫在眉睫。

第三节 废水处理技术

一、水体自净

1. 定义

水体自净是指污染物在水体的物理、化学和生物等的作用下，不断稀释、扩散、分解破坏或沉入水底，经过这种综合净化过程后，污染物浓度自然降低，水质最终又基本恢复到污染前的状态。

2. 净化机制

水体自净的机制包括稀释、混合、吸附、沉淀等物理作用，氧化还原、分解化合等化学作用，以及生物分解、生物转化和生物富集等生物作用。各种作用可相互影响，同时发生交叉作用。

(1) 物理净化　污染物进入水体后，立即受到水体的混合、稀释、扩散，河水流量越大，污水流量越小，其稀释比越大，稀释效果也越好。

(2) 化学净化　由于进入水体的污染物与水中成分发生化学作用，致使污染物浓度降低或毒性消失的现象称为化学净化作用。

(3) 生物净化　在河流 、湖泊、水库等水体中生存的细菌、真菌、藻类、水草、原生动物、贝类、昆虫幼虫、鱼类等生物，通过其代谢作用分解水中污染物，使其数量减少，直至消失，这就是生物净化作用。

(4) 杀菌净化　地面水在日光紫外线照射、水生物间的拮抗作用、噬菌体的噬菌作用以及微生物不适宜存活的环境因素作用下，可以发生杀菌净化作用。

二、水体污染控制的基本途径

水体污染控制的基本原则就是将“防”、“治”、“管”三者有机地结合起来，缺一不可。

1. 防

通过有效控制和预防措施，使污染源排放的污染物量削减到最小值。

(1) 对工业污染源　最有效的控制方法是推行清洁生产并改革生产工艺等，重复利用污水，从污水中回收有用成分，降低成本，增加经济效益，减少污水处理负担，提高水的重复利用率。据统计，工业用水中，冷却水占70%，90%以上来自炼油厂。这类冷却水要求不高，只要适当降低水温，即可回用到生产中去。做到一水多用，降低成本，提高效益，使排放的废水量减到最低。

（2）对生活污染源　可以通过推广使用节水用具，提高民众节水意识，降低用水量等措施减少生活污水排放量。

（3）对农业污染源　必须从“防”做起，提倡农田的科学施肥和农药的合理使用，减少农田中残留的化肥和农药，进而减少农田径流中所含氮、磷和农药的量。

2. 治

通过各种措施治理污染源及被污染的水体，使污染源实现达标排放，令水体环境达到相应的水质功能。

3. 管

加强对水体及其污染的监测和管理，包括工业污水排量及浓度监测管理，对污水处理厂的监测管理，对水体卫生特征经济指标的监测管理。

三、污水处理技术

污水处理的目的是将其中的污染物以某种方法分离出来，或将其分解转化为无害稳定物质，从而使污水得到净化。一般要达到防治毒害和病菌传播、除掉异味和恶臭感才能满足不同需求。

废水处理相当复杂，废水处理方法的选择取决于废水中污染物的性质、组成、状态及接纳水体的水质要求。按照污水处理原理可将处理技术分为物理法、化学法和生物法三大类。按照处理精度可分为预处理、一级处理、二级处理和三级处理。

1. 物理处理法

它是利用物理（机械）作用来分离污水中悬浮状态的不溶解污染物质，在分离过程中不改变污染物的化学性质。

（1）沉淀法　也叫重力分离法。它是根据水和悬浮物密度不同的原理，在沉淀装置中，将悬浮物从水中分离出来。此法也是污水处理中最基本的方法之一，几乎所有的污水处理系统都要采用此法，其主要设备是沉淀池。

（2）过滤法　选择钢条、砂、布、塑料作为过滤介质，将带有悬浮物的污水通过筛滤装置、砂滤池或真空过滤机等设备，分离污水中的悬浮物。

（3）浮选（气浮）法　将空气鼓入污水中，形成微小气泡，使污水中的乳状油粒或密度小的悬浮物质黏附在空气泡上，并随气泡上浮到水面，形成浮渣而除去。此法除油效率可达80%～90%，而且设备简单，只需气浮池，因而被广泛用于炼油废水的处理。

2. 化学处理法

通过化学反应和传质作用来分离除去污水中呈溶解、胶体状态的污染物，或将污染物转化为无害物质的处理方法。常用的有混凝法、中和法、离子交换法和氧化还原法。

（1）混凝法　污水中不易沉淀的细小悬浮物质往往带有同性电荷，在废水中呈胶体状态，若加入带有相反电荷的混凝剂，可使水中胶体颗粒呈电荷中性，凝聚成大颗粒而下沉。应用最广泛的混凝剂是硫酸铝、明矾等铝盐。此法常用于含油废水、染色废水、洗毛废水的处理。

（2）中和法　主要是处理含酸或含碱废水，调整其酸碱度。

（3）离子交换法　借助于离子交换剂中的交换离子和废水中的离子进行交换，从而除去废水中有害离子的方法。这种方法多用于废水的深度处理，处理后水质良好。电镀废水处理有时也采用此法。

（4）氧化还原法　利用空气、漂白粉、氯气、臭氧等将废水中的氰、酚、硫、铬等有害物质，氧化还原成无害物质的方法。此法可处理很多种工业废水。

3. 生物处理法

通过微生物的代谢作用，使污水中的有机物质转化为稳定、无毒物质的处理方法。生物处理法是处理城市污水的主要工艺和发展方向，石油、化工、焦化、轻工、纺织、印染等部分工业废水也用此法处理。根据微生物的不同特性，生物处理法又可以分为厌氧处理法和好氧处理法两类。厌氧处理是指在缺氧条件下，利用厌氧微生物把水中的有机物降解为甲烷、二氧化碳、氮气、硫化氢等，多用于高浓度有机废水如酿酒、石化、奶制品等的处理，处理后产生的甲烷可供采暖。好氧处理是向废水中通入大量空气，微生物在有氧条件下大量繁殖，将水中有机物氧化分解为简单的无机物。好氧处理又可分为活性污泥法和氧化塘法。

（1）活性污泥法　活性污泥法是好氧处理中最主要的一种方法。活性污泥是一种人工培养的生物絮凝体，由好氧性微生物（细菌类、藻类等）及由他们所吸附的有机物和无机物组成。活性污泥法的主要构筑物是曝气池，污水进池和活性污泥混合，只要连续不断地供给空气，经一段时间后，就能凝聚、氧化、吸附及分解污水中的有机物，并以这些有机物为养料，使微生物获得能量并不断增殖。有机物在曝气池中经氧化分解后的混合液，再流入沉淀池中沉淀，将活性污泥分离后，水则得到净化。

（2）氧化塘法　利用藻、菌类共生系统处理污水的一种方法。污水中存在着大量好氧性细菌和耐污藻类，污水中的有机物被细菌利用，分解成简单的含氮、磷的物质，这些物质为藻类生长繁衍提供了必要的营养，而藻类则利用阳光进行光合作用，释放大量氧气，供细菌生长需要。藻类和细菌间这种互相依存的关系，即为藻菌共生系统。氧化塘正是依靠这一系统使污水净化。氧化塘法构筑简单，运转费用低，能源消耗少，故广泛用于处理中、小城镇生活污水和造纸、食品加工等工业废水，但此法占地面积较大，因而发展受到限制。

4. 污水处理的分级

（1）一级处理　机械处理或称为物理处理。通过过滤、沉淀除去污水中的漂浮物和部分悬浮状污染物。一般处理后水质并不能达到国家允许的排放标准，只是为二级处理创造条件，故又叫做预处理。

（2）二级处理　又叫生化处理。经过预处理的污水还需进行二级处理，经处理除去90%易分解的有机污染物和90%的固体悬浮物，使水质得到进一步的净化。通过二级处理的污水均能达到国家规定的排放标准。生物处理法是最常用的而又比较经济有效的二级处理方法。

（3）三级处理　又称深度处理或高级处理。它能除去水中的磷、氮及难以降解的有机物、病源微生物、矿物质。三级处理是控制水体富营养化的一个有效手段，但三级处理费用较高，目前尚处于研究、实验阶段，并未普及。

延伸阅读一：污水处理的典型流程

1. 处理流程

污水先经格栅、沉砂池，除去较大的悬浮物质及砂粒杂质，然后进入初次沉淀池去除呈悬浮状的污染物，随后进入生物处理构筑物（活性污泥曝气池或生物膜构筑物）处理，使污水中的有机污染物在好氧微生物的作用下氧化分解，生物处理构筑物的出水进入二次沉淀池进行泥水分离，澄清的水排出二次沉淀池后再经消毒直接排放；二次沉淀池排放出的剩余污泥再经浓缩、污泥消化、脱水后进行污泥综合利用；污泥消化过程产生的沼气可回收利用，用作热源或沼气发电。图 5-2 列出了城市污水处理的典型流程。图 5-3 为厌氧、兼氧、好氧脱氮除磷工艺流程简图。

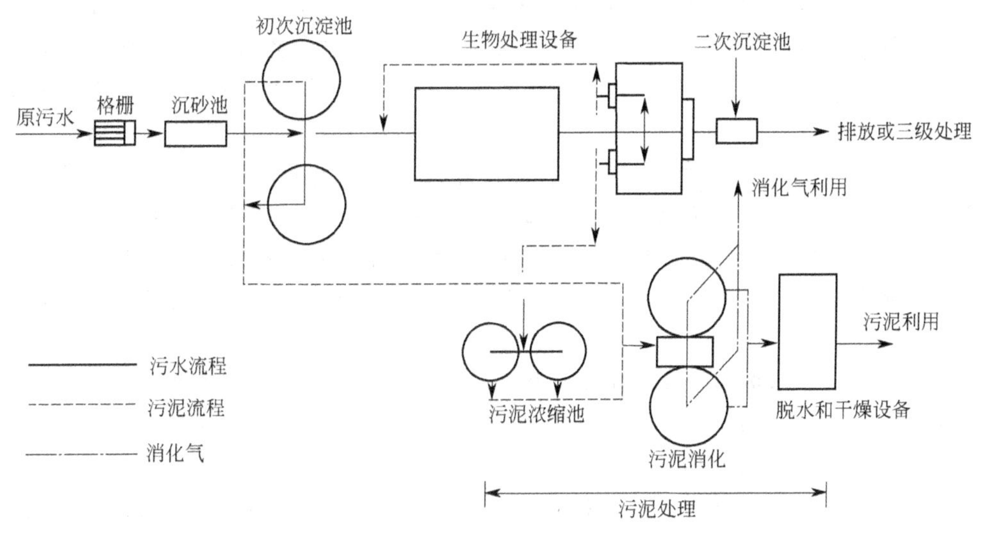

图 5-2 城市污水处理典型流程

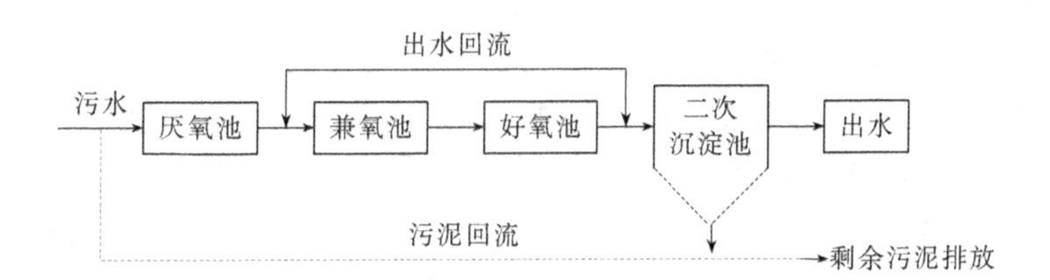

图 5-3 厌氧、兼氧、好氧脱氮除磷工艺流程

2. 炼油厂废水处理的典型流程

图 5-4 所示为炼油厂废水处理的典型流程。

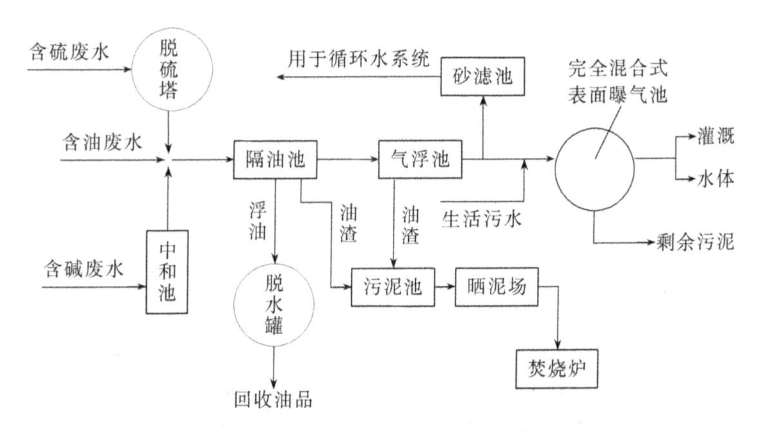

图 5-4 炼油厂废水处理的典型流程

延伸阅读二：国内水污染现状

1. 城市水污染现状

水源污染源于城市工业、生活污水排放。水利部水资源司和国家环保局的调查表明，1988年全国城市污水排放量达340亿吨，大量污水排入江河湖泊。长江、黄河、珠江、海河、滦河、辽河、松花江七大水系，接纳了全国城市污水排放量的70%。昔日清澈见底的大运河，碧波疏影的秦淮河，现今许多河段已变成浊流泛臭的“黑水河”。俗有“东方威尼斯”美誉的苏州河，“五十年代淘米洗菜，六十年代水质变坏，七十年代鱼虾绝代，八十年代洗不净马桶盖”。城市废水污染了江河，也危及城市自身。全国目前有三百多座城市面临水污染威胁。以我国最大的工业城市上海为例，该市每天排出五百万吨污水（不包括电厂冷却水），其中工业污水占80%。由于这些废水、污水基本上未得到处理即流入苏州河，致使苏州河早已成为污水河。专家们指出，照此下去，不久黄浦江也将成为污染江。

2. 农村水污染现状

随着我国经济发展和人民生活水平的提高，由此带来的严峻的环境污染问题也日益受到人们的关注。过去，我们一直把环保工作的重点放在大中城市，而忽视了占全国总面积近90%的广大农村。致使农村环境问题日益恶化，而水污染问题尤为突出，呈现出迅速恶化趋势，生活污水直排、随处泼洒。由于农村地区的居民居住分散，不可能对生活污水进行统一处理，所以农村地区生活污水对水资源的污染呈上升趋势。关于生活污水处理设施，以河北省为例，就对河北省20个自然行政村的调查来看：在生活用水方面，除了与中心城市相邻的极少数村外，90%的村子无集中处理生活用水的公共设施，35%的村子还未实现集中供水。这一突出问题，在全国其他农村地区也普遍存在。目前，我国农业每年的化肥使用量已经超过4000万吨，而利用率却只有30%～40%。农药的年使用量达120万吨以上，其中10%～20%附着在植物体上，其余都散落在土壤和水中。并且，农药、化肥和地膜的使用量有逐年大幅提高的趋势，这些都将对水体造成严重的危害。据调查，养殖一头牛产生的废水超过22个人生活产生的废水，养一头猪产生的污水相当于7个人生活产生的废水。并且，近年来畜禽养殖业从农户的分散养殖转向集约化、工厂化养殖，畜禽类的污染面明显扩大。据国家环保总局在全国23个省市的调查，90%的规模化养殖场没有经过环境影响评价，60%的养殖场缺乏必要的污染防治措施。相关的屠宰场、孵化场往往直接将动物血水、废水、牲畜的粪便、蛋壳等倾倒入附近的水体，导致大量的N、P流失和河道的水体变黑，富营养化严重。因而使河流受到不同程度的污染，导致我国农村有近7亿人的饮用水中大肠杆菌超标，1.7亿人的饮用水受到有机污染，而且由于农药等化学物质的广泛使用，致使许多地方的地下水已经不适于饮用，严重影响了人民群众的身体健康和农村经济的健康发展。

3. 工业水污染现状

工业污水不经处理即排入河道，给河流和附近的人、畜及其他生物带来了无穷的危害。这些污水中含有汞、铬、镍、铜、铁、氮、酚等有害物质，不但会使河里的水生生物变异或灭绝，而且用这些污水灌溉过的庄稼，不是枯萎，就是籽粒含有毒素，人、畜吃了这些籽粒或果实，有的中毒，有的得病，影响了工农业生产和人民的身体健康。如甲基汞引起的水俣病，砷中毒引起的面部黑斑，饮用含氟量高的水出现的氟斑釉牙等。根据环保部数据，2012年全国废水排放总量为684.3亿吨，其中工业废水排放量占32.4%，比2002年下降了14.7个百分点。近些年在我国积极实施淘汰工业落后产能、促进产业结构调整、加强节能减排等政策以及企业不断提高生产效率因素的共同作用下，工业废水排放在经历2007年的峰值后开始呈缓慢下降趋势，但数量依然十分庞大。工业废水实际排放达标率与重复利用率较低。由此可见，工业废水始终是我国水域的主要污染源。

目前我国640个城市有300多个缺水，2.32亿人年均用水量严重不足。我国污水、废水排放量每天约为1亿立方米之多。水污染现状更是触目惊心。一项调查表明，全国目前已有82%的江河湖泊受到不同程度的污染，每年由于水污染造成的经济损失高达377亿元。

4. 海洋水污染现状

我国拥有漫长的海岸线，拥有大量的港口，随着船舶数量的增加、漏油事件的频繁发生以及人为将大量废弃物和含油污水不断地排入海洋等造成了严重的海洋水污染。虽然我国海域总体污染状况有所好转，但近岸海域污染形势依然严峻。全海域未达到清洁海域水质标准的面积约13.9万平方千米，严重污染海域仍主要分布在辽东湾、渤海湾、莱州湾、长江口、杭州湾、江苏近岸、珠江口和部分大中城市近岸局部水域，污染面积逐年增加。如在渤海海域，未达到清洁海域水质标准的面积约2.0万平方千米，占渤海总面积的26%。在东海海域，未达到清洁海域水质标准的面积约6.5万平方千米。严重污染海域主要集中在长江口、杭州湾和宁波近岸。这些污染使某些海洋水产资源衰落，渔获量减少，少数珍贵海产品受损，一些海洋水产资源质量受到影响；部分滩涂荒废，滨海环境遭到损害。轮船漏油等事故，使石油进入海水，这对海洋生物的危害是非常严重的。海水中大量的溶解氧被石油吸收，油膜覆盖于水面，使海水与大气隔离，造成海水缺氧，导致海洋生物大量死亡。而且石油污染对幼鱼和鱼卵的危害更大，在石油污染的海水中孵化出来的幼鱼鱼体会扭曲并且无生命力，油膜和油块能粘住大量的鱼卵和幼鱼使其死亡。石油对海洋的污染可使经济鱼类、贝类等海产品产生油臭味，成年鱼类、贝类长期生活在被污染的海水中，其体内会蓄积很多有害物质，当被人食用后便可危害人类健康。它还会导致大量的鸟类死亡，如海鸟因为吃了被污染的鱼类而死亡，人类燃烧被污染的石油烧死大量海鸟。海洋的石油污染使我国损失了一批珍贵的鱼类、鸟类品种。

5. 湖泊水污染现状

我国大量的湖泊也遭受严重的水污染。在我国35个较大湖泊中，有17个已遭到严重污染。拿城市中的湖泊来说，这类湖泊主要是游览水体，对于调剂人们生活、陶冶人们的情操起着十分重要的作用。以西湖为例，近年来因受到沿岸多个单位的污水及旅游废弃物和农药的污染，导致水质变化，水体显暗绿色，晦暗浑浊。最近，中国环境科学院调查了我国26个大中湖泊，五大淡水湖中的巢湖就是污染最严重的一个。巢湖每天要吞进来自城镇的污水50万吨，其中80%来自合肥市，每天排出污水40.1万吨。巢湖的污染还来自农田，巢湖四周均为农田，农民施用的化肥、农药，雨后随着水土流进巢湖，每年约有20万～25万吨。由于巢湖水浅而含氧丰富，总氮、总磷超标过多，湖水富营养化十分严重。富营养化的巢湖，养肥了湖内100多种水藻。从20世纪60年代到80年代，各类水藻成倍增长，每到夏秋两季，水藻以惊人的速度滋生疯长，聚集成湖靛（俗称水华），水藻繁殖得快，死得也快，死后便腐烂发臭，造成湖水二次污染，严重败坏水质，影响湖中各类生物的正常生长。最严重时湖水呈黏稠状，渔船难行，水波不兴，形成冻湖。

6. 地下水污染现状

我国水资源总量为28000亿立方米，而多年平均地下水资源量为8186.43亿立方米。在我国的69个城市中，一类水质的城市不存在；二类水质的城市只有10个，占14.5%；三类水质的城市有22个，占31.9%；四、五类水质的城市有37个，占评价城市总数的53.6%，即一半以上的城市地下水污染严重。尤其是海河流域，地下水污染更是严重，2015眼地下水监测井点的水质监测资料表明，符合一至三类水质标准仅有443眼，占评价总数的22.0%，符合四、五类水质标准的有880眼和692眼，分别占评价总井数的43.7%和34.3%，即有78%的地下水遭到污染。随着国家经济建设发展和人口继续增加，城市开发利用地下水日益普遍，地下水已经成为我国城市和工农业用水的主要水源，全国目前有2/3的城市以地下水作为主要的供水水源，约有1/4的农田灌溉靠地下水。地下水开采总量超过1000亿立方米，约占全国用水总量的15%～20%。大量开采地下水，虽然增加了我国城市地区的供水量，维持了城市的正常运转，取得了一定的经济效益，但是对其不合理的开发利用也引发了一系列的负面效应，突出表现在过度开采引起的水位下降、地面沉降、海水入侵等地质危害，以及污染状况严重引起的疾病流行、可供水量减少、经济损失巨大等不良影响。我国城市地下水污染日益加剧，据有关部门对118个城市2～7年的连续监测资料，约有64%的城市地下水遭受了严重污染，33%的城市地下水受到轻度污染，基本清洁的城市地下水只有3%。以太原为例，潜水矿化度和总硬度急速增长，20世纪80年代后期与80年代初期矿化度和总硬度的超标面积相比，分别增加了60%和28%，同时硫酸盐、氯化物和酚缓慢增长。由于地下水的循环时间很长，在接近水位地方的往往是一年左右，而在深蓄水层的循环时间可以长达数千年，故一旦被污染，很难被清除，当然更无法被有效利用。但是水资源作为工业的血液和农业的命脉，支撑着人类社会经济的发展，若可用地下水资源受到严重的污染，会导致可供水源的缺乏，严重制约城市经济的发展和社会的进步。如唐山市20世纪70年代一化工厂堆放的铬酸酐废渣污染了当地的地下水，导致该市地下水被铬污染面积达14平方千米，Cr^{6+}的最高含量达45mg/L，超过国家规定饮用水标准的900倍，导致许多自来水厂被迫关闭，重新寻找水源。

各抒己见

你最近听说过水污染事件吗？你身边有过水污染事件吗？你见过被污染的水吗？学过本章后，你有何感想？

第六章

固体废弃物的处理、处置与利用

知识导航

本章主要介绍固体废弃物的来源和分类；固体废弃物对人类和环境的危害；我们的处置和处理方法以及如何变废为宝开展固体废弃物的再生利用等。

第一节　概　　述

一、固体废弃物的来源和分类

固体废弃物通常是指在生产建设、日常生活和其他活动中产生的污染环境的固态、半固态废弃物质。通俗地说，就是“垃圾”。

据资料报道，世界各国每年排出的固体废弃物数量巨大，超过百亿吨。我国成为世界上最大的城市固体废弃物制造者（表6-1）。

表6-1　固体废弃物种类、组成及其来源

废弃物种类	主要组成	来源
生活垃圾	①纸屑、木屑、废塑胶、废皮革、包装废弃物、灰烬等一般性垃圾； ②保洁垃圾	①家庭、餐厅、市场、食堂、宾馆、机关、学校、商店 ②户外空地、水域
餐厨垃圾	①厨余垃圾（准备、烹调与膳后的废弃物，菜市场有机废弃物）； ②餐饮垃圾（泔水、剩饭剩菜等）； ③食品废弃物（食品储存、加工、销售、消费过程的过期食品、腐变食品等）	①家庭、农贸市场与超市； ②餐饮业、非营利性食堂； ③食品及其半成品经营企业、家庭、餐饮业、非营利性食堂
大件垃圾	大件家具、电器	家庭、餐厅、市场、食堂、机关、学校、商店
建筑废弃物	工程拆除物（拆除建筑物或工程的木材、钢材、混凝土、砖、石块、下挖土及其他）、营建废料（木材、钢材及其他营建的废料）	拆建场地、新建工程、装修
城镇水和污水处理厂污泥	筛除物、沉砂、浮渣、污泥	净水厂、污水厂
绿化垃圾	枝叶花草	住宅区、商业区、户外空地、水域、工业区、农业区
粪渣	粪便及其残余物	粪坑、化粪池

续表

废弃物种类	主要组成	来源
动物尸骸	鸡、鸭、猫、狗、猪、牛、羊、马等尸骸	家庭、养殖场、户外空地水域
医疗垃圾	废注射器、伤口包扎物、带血废物	医院、门诊、科研机构
电子垃圾	冰箱、空调、洗衣机、电视机、计算机、手机、废电子元器件	家庭、餐厅、市场、商店、学校、机关、电子电器工厂
废弃车辆	汽车等机动车、脚踏车	家庭、企事业单位
工业废弃物	废渣、废屑、废塑胶、废弃化学品、污泥、尾矿、包装废物	各类工业、矿厂、火力电厂
农业废弃物	农资废弃物、农作物废弃物	田野、农场、林场、禽畜养殖场、牛奶场、牧场
有害废弃物	具有燃烧性、爆炸性、放射性、化学反应性、致病性的废弃物	家庭、医院、旅馆、工厂、商店、科研机构

二、固体废弃物污染的危害

固体废弃物产生源分散、产量大、组成复杂、形态与性质多变，可能含有毒性、燃烧性、爆炸性、放射性、腐蚀性、反应性、传染性与致病性，有害废弃物或污染物及含有污染物富集的生物，有些物质难降解或难处理。固体废弃物的数量与质量具有不确定性与隐蔽性，导致固体废弃物在其产生、排放和处理过程中对资源、生态环境、人民身心健康造成严重危害，甚至阻碍社会经济的持续发展。固体废弃物对人类环境的危害主要表现在以下几方面。

1. 浪费资源

固体废弃物产量大，且存量固体废弃物量也很大，填埋时需消耗大量的物质资源，占用大量土地资源。2012 年全球固体废弃物年产量超过 100 亿吨（仅电子垃圾就达到 4890 万吨），我国达到 15 亿吨（电子垃圾 230 万吨），存量固体废弃物量全球达到 380 亿吨，我国高达 70 亿吨。巨量固体废弃物的产生意味着巨量物质资源的消耗与浪费，巨量存量固体废弃物意味着大量土地资源被占用和浪费。如果假定填埋废弃物的表观比重为 1，废弃物堆置平均高度为 30m，全球 380 亿吨存量固体废弃物将占用 1900 万亩土地，我国 70 亿吨存量固体废弃物也将占用 350 万亩土地。而且，固体废弃物产量增长迅速，增长速率往往超过处理设施处理能力的增长速率，后果是出现“垃圾围城”的困境。例如，发达国家 20 世纪 60 年代的固体废弃物产量迅速增加，就出现大量垃圾山，并有包围城市的趋势。我国从 20 世纪 80 年代末开始，固体废弃物产量也迅速增长，《2009 年到 2012 年中国垃圾处理行业投资分析及前景预测报告》称：全国 600 多座城市，除县城外，已有三分之二的大中城市陷入垃圾的包围之中，且有四分之一的城市已没有合适场所堆放垃圾。此外，除浪费大量的物质、土地资源外，妥善处理固体废弃物还将消耗大量的人力、财力、信息和时间等资源。

2. 破坏生态

固体废弃物，尤其是有害废弃物，如果处理不当，会破坏生态环境。

（1）一次污染　如将固体废弃物简易堆置、排入水体、随意排放、随意装卸、随意转移、偷排偷运等不当处理，其所含的非生物性污染物和生物性污染物会进入土壤、水体、大气和生物系统，对土壤、水体、大气和生物系统造成一次污染，破坏生态环境；尤其是将有害废弃物直接排入江河湖海或通过管网排入水体，或将粉尘、危险废气等大气有害物排入大气，不仅会导致水体或大气污染，还会逐步使污染范围扩大，后果相当严重；偷排偷运导致废弃物去向不明、污染物跟踪监测困难和污染范围难以确定，后果也相当严重。如将有害废弃物不当处理，可能引致中毒、腐蚀、灼伤、放射污染、病毒传播等突发事件发生，严重破坏生态环境，甚至导致人身伤亡事故。有些有害物，如重金属、二噁英等，甚至随水体进入食物链，被动植物和人体摄入，这会降低机体对疾病的抵抗力，增加疾病的发病率，对机体造成即时或潜在的危害，甚至导致机体死亡。

（2）二次污染　固体废弃物处理过程中，其所含的一些物质（包括污染物和非污染物）参与物理反应、化学反应、生物生化反应，生成新的污染物，导致二次污染。二次污染形成机理复杂，防治比一次污染更加困难。固体废弃物处理过程中常见的二次污染物及其产生途径有：

① 长时间不当储存与堆置过程中，废弃物堆体滋生霉菌和寄生虫等病原体，加速老鼠、蛇和蚊虫等生物体的繁殖与生长，带来疾病和疾病传播的危险；

② 储存、堆置、运输、分拣、填埋等过程中，有机易腐物发酵腐烂产生甲烷气、臭气等大气有害物和有机废水（甚至含有重金属和病原体等污染物）等水体污染物，同时也会滋生多种微生物；

③ 焚烧处理过程中，固体废弃物的有机氮、氯、硫等转化成氮氧化物、氯化氢、硫氧化物等大气有害物；

④ 焚烧处理医疗垃圾、生活垃圾等废弃物的过程中生成二噁英，并产生大量的含重金属、二噁英等污染物的飞灰（属于危险废物）；

⑤ 堆置、填埋过程中，重金属形态变化及迁移，生成土壤和水体的重金属污染物。此外，易燃易爆的有害废弃物如不当处理可能发生火灾、爆炸等事故，产生大量有毒害污染物，给生态环境、生产生活和人民生命财产带来危害。

三、固体废弃物问题的特点及管理

固体废弃物污染与其他环境问题相比有其独特之处，可用“四最”加以概括，即最难以处置、最具综合性、最晚被重视、最贴近生活。

1. 最难以处置

固体废弃物为“三废”中最难处置的一种，因为它的成分相当复杂，其物理性状（体积、流动性、均匀性、粉碎程度、水分、热值等）也千变万化。

2. 最具综合性

固体废弃物的污染从来就不是单一的，它同时也伴随着水污染及大气污染问题。仅在对固体废弃物进行简单处理的垃圾卫生填埋场，就必须面对垃圾渗沥液对地下水的污染问题，必须具备污水处理及对排放的填埋气体进行适当处理的能力。

3. 最晚被重视

在“三废”污染中，固体废弃物的污染问题是在大气污染、水污染之后才引起人们注意的，也是最少得到人们重视的污染问题。

4. 最贴近生活

固体废弃物尤其是城市生活垃圾，最贴近人们的日常生活，因而是与人类生活最息息相关的环境问题。

废弃物的管理对国内国际都有巨大影响，我国的固体废弃物问题已引起国际上的高度关注。在2005年以《中国固体废弃物管理：问题和建议》为题的城市发展工作报告中指出，“世界上没有一个国家曾经经历过像中国现在正在面临的固体废弃物数量如此之大或如此之快的增长。”

固体废弃物的管理，主要是探讨从固体废弃物的产生到最终处置对环境的影响，以及我们针对固体废弃物采取的对策。我国实行的管理措施主要有：

① 建立鉴别、标记和登记制度，使有害废物从排放开始，直至最终处置完毕，均有专人管理，并建立档案制度；

② 确定安全、经济的收集、储存、运输方法和制度，保证有害废物在最终处置前不致污染环境；

③ 选择安全、经济的处置方法和处置场地；

④ 制定有害废物收集、储存、运输和最终处置的评价标准。

实行有效的固体废弃物管理政策，首先要控制其源头产生量，可采取逐步改革城市燃料结构，实行净菜进城，推广和实施清洁生产，控制工厂原材料的消耗额，提高产品的使用寿命，实行垃圾分类回收等措施。其次是开展综合利用，把固体废弃物作为资源和能源来对待，让垃圾再度回到物质循环圈内，打破不文明的大规模生产、大规模消费、大规模产生废弃物的生产、生活方式，珍惜本已匮乏的资源，爱护本已伤痕累累的地球家园，尽量建设一个资源的闭合循环系统。

延伸阅读：废旧家电的危害

最近的一项调查表明，北京市手机普及率已超过 90%，而且 80%以上的使用者更换过手机，更换频率是大约一年更换一个；更有 60%的北京消费者一年内换过 3 个以上的手机。从全国范围来看，我国去年手机总产量为 1.6 亿部，而弃用手机的数量也同样可观（图 6-1）。

图 6-1 废弃的手机

根据有关专家的介绍，与普通的生活垃圾相比，废弃手机无论是堆埋还是焚化处理都会带来更多难题。如果一埋了之，手机的电池核和电路板上含有的大量砷、铅、汞、锌等重金属，将会对土壤和地下水造成重大污染；如果将废旧手机运送到焚化厂焚烧，产生的气体很容易使人中毒，甚至可以导致癌症、神经系统紊乱等疾病。

我国已经成为名副其实的家电生产、消费大国。根据国家发改委介绍，2009 年，全国电视机、电冰箱、洗衣机、空调、电脑等主要家电产量近 5 亿台，出口量达 2.4 亿台。同时，我国已开始进入家用电器报废的高峰期，每年的理论报废量超过 5000 万台，报废量年均增长 20%。由于缺乏法律法规规范，回收处理基本处于无序状态，大量废弃电器电子产品没有得到合理处置，既浪费资源，又污染环境，对人体健康有较大的危害性。

以电脑为例，制造一台个人电脑需要近700种化学原料，而其中大约有一半的原料含有对人体有害的毒素。比如，用于制造电脑机壳的塑料上都涂有一层防火的有毒制剂；电脑显示屏的玻璃中含有铅，铅元素可破坏人的神经、血液系统和肾脏。电脑的电池和开关含有铬化物和水银，铬化物透过皮肤，经细胞渗透，可引发哮喘；水银则会破坏脑部神经；机箱和磁盘驱动器中的铬、汞等元素对人体细胞的DNA和脑组织有巨大的破坏作用。因此，如果不经处理，随意丢弃或处理不当，其中的有害物质就会渗漏出来，对土壤造成严重的污染；如果选择焚烧，也会因为原材料中释放出大量有害气体而对大气造成污染，甚至形成酸雨，而这些有害物质一旦渗入到人类的食物链中，就会对人们的生活，尤其是对儿童的发育产生不良效果。

目前，国家发改委公布了六部委印发的《废弃电器电子产品处理目录》(2014年版)，目录中要求对电视机、电冰箱、洗衣机、空调、电脑、吸油烟机、燃气热水器等9类电器电子产品进行统一管理，这对我国构建标准化、产业化的废家电回收利用体系具有积极作用。有统计数据显示，目录中提到的9类产品2013年理论报废量合计达1.96亿台，而同年“四机一脑”(电视机、电冰箱、洗衣机、空调、电脑)合计理论报废量为1.09亿台。该目录的颁布对解决即将面临的翻番的废家电处理量很有必要，且能够有效缓解因此带来的诸多环境问题和社会问题。

第二节　常见固体废弃物的处理与处置方法

对于固体废弃物的严重污染，国内外都在积极寻求和采取有效的技术、政策和途径，受资源短缺限制的工业发达国家，早在20世纪70年代就提出“资源循环”的口号，并开始从固体废物中回收资源，将其称为“二次资源”。如今一些发达国家已经逐步走上固体废弃物资源化的道路，并已形成二次资源再生利用的新兴工业体系。

我国固体废弃物管理工作始于20世纪80年代，受技术和经济实力的限制，加之我国固体废弃物性质的复杂性，在短期内还难以实现固体废弃物的资源化。随着我国经济的快速发展，目前出现了资源的巨大需求与供给不足的紧张局面，回收利用再生资源已成为重要的发展战略。

固体废弃物的处理通常是指用物理、化学、生物、物化及生化方法，把固体废弃物转化为适于运输、储存、利用或处置的过程，固体废弃物处理的目标是无害化、减量化、资源化。有人认为固体废弃物是“三废”中最难处置的一种，要达到无害化、减量化、资源化会遇到相当大的麻烦。一般防治固体废弃物污染的方法首先是要控制其产生量，例如，逐步改革城市燃料结构(包括民用工业)，控制工厂原料的消耗，定额提高产品的使用寿命，提高废品的回收率等；其次是开展综合利用，把固体废弃物作为资源和能源对待，实在不能利用的则经压缩和无毒处理后成为终态固体废物，然后再填埋和沉海，主要采用的方法包括压实、破碎、分选、固化、焚烧、生物处理等。

一、压实技术

压实是一种通过对废物实行减容化、降低运输成本、延长填埋寿命的预处理技术。压实是目前一种较普遍采用的固体废弃物的预处理方法，如汽车、易拉罐、塑料瓶等通常首先采用压实处理，还适用于垃圾、松散废物、纸袋、纸箱及某些纤维制品等压实减少体积的处理。对于可能引起操作问题的废弃物，如焦油、污泥或液体物料，一般不宜作压实处理。

二、破碎技术

为了使进入焚烧炉、填埋场、堆肥系统等的废弃物的外形减小，必须预先对固体废弃物进行破碎处理。经过破碎处理的废物，由于消除了大的空隙，不仅尺寸大小均匀，而且质地也均匀，在填埋过程中令其压实。固体废弃物的破碎方法很多，主要有冲击破碎、剪切破碎、挤压破碎、摩擦破碎等，此外还有专门的低温破碎和混式破碎等。

三、分选技术

固体废物分选是实现固体废物资源化、减量化的重要手段。通过分选将有用的成分选出来加以利用，将有害的成分分离出来；另一种是将不同粒度级别的废弃物加以分离。分选的基本原理是利用物料的某些性质方面的差异，将其分离开。例如，利用废弃物中的磁性和非磁性差别进行分离；利用粒径尺寸差别进行分离；利用密度差别进行分离等。根据不同性质，可设计制造各种机械对固体废弃物进行分选，分选包括手工捡选、筛选、重力分选、磁力分选、涡电流分选、光学分选等。

四、固化处理

固化技术是通过向废弃物中添加固化基材，使有害固体废物固定或包容在惰性固化基材中的一种无害化处理过程，经过处理的固化产物应具有良好的抗渗透性、良好的机械性以及抗浸出性、抗干湿性、抗冻融性等，固化处理根据固化基材的不同可分为沉固化、沥青固化、玻璃固化及胶质固化等。

五、焚烧热解

焚烧法是固体废物高温分解和深度氧化的综合处理过程，好处是大量有害的废料分解而变成无害的物质。由于固体废弃物中可燃物的比例逐渐增加，利用其热能已成为必然的发展趋势。以此种处理方法，固体废弃物占地少，处理量大，焚烧厂多设在 10 万人以上的大城市，并设有能量回收系统。日本由于土地紧张，采用焚烧法逐渐增多，焚烧过程获得的热能可以用于发电，利用焚烧炉生产的热量，可以供居民取暖，用于维持温室室温等。日本及瑞士每年把超过 65%的都市废料进行焚烧而使能源再生。但是焚烧法也有缺点，如投资较大，焚烧过程排烟造成二次污染，设备锈蚀现象严重等。

热解是将有机物在无氧或缺氧条件下高温（500～1000℃）加热，使之分解为气、液、固三态产物，与焚烧法相比，热解法则是更有前途的处理方法，它最显著的优点是基建投资少。

六、生物处理

生物处理技术是利用微生物对有机固体废物的分解作用使其无害化，可以使有机固体废弃物转化为能源、食品、饲料和肥料，还可以用来从废品和废渣中提取金属，是固体废弃物资源化的有效技术方法。如今应用比较广泛的有堆肥化、沼气化、废纤维素糖化、废纤维饲料化、生物浸出等。

延伸阅读一：垃圾可以回收利用

1. 哪些生活垃圾可以回收利用?

在垃圾中，约50%是生物性有机物，约30%～40%具有可回收再利用价值。我国仅每年扔掉的60多亿只废干电池就含7万多吨锌、10万吨二氧化锰等，而这么巨大的浪费却是由于缺乏环保意识造成的，或许你在不经意间，就已经丢掉了几十千克的钢板，几吨的煤，几平方米的木材等。现在就来看看从我们指缝里轻易溜走的资源。

回收利用1t废纸可再造出800kg好纸，可以挽救17棵大树，节省$3m^3$的垃圾填埋厂空间，少用纯碱240kg，降低75%的造纸污染排放，节约造纸能源消耗40%～50%，而每张纸至少可以回收两次。另外，我们日常丢弃的废织物也可用于回收造纸等。我国目前的废纸回收率仅为20%～30%，每年流失废纸600万吨，相当于浪费森林资源100万～300万亩。

所有的废塑料、废餐盒、食品袋、编织袋、软包装盒等，利用将其还原成汽油、柴油的技术都可以回炼为燃油；从1t废塑料中能够产生出700～750L无铅汽油或柴油。许多废塑料还可以还原为再生塑料，循环再生的次数可达10次。以废餐盒为例，回收后可制成建筑装修用的优质强力胶。3只废餐盒就可以做一把学生用的尺子，20个废餐盒就可以造出一个漂亮的文具笔筒。从塑料花盆到公园里的长凳，都可以用废餐盒作为原料来生产。目前我国对塑料袋的回收率不到10%，大多数塑料由于和其他生活垃圾混在一起而无法分离，以至于将可回收的资源和不可回收的资源一起填埋，造成巨大的浪费。

2. 破碎垃圾——玻璃瓶和碎玻璃片的还原

废玻璃回收再造，不仅可节约自然资源，还可减少大约32%的能量消耗，减少了20%的空气污染和50%的水污染。1t废玻璃回炉再制比利用新原料生产节约成本20%。回收1t废玻璃对环境和资源的好处是：可以节约石英砂720kg、纯碱250kg、长石粉60kg、电400W/h。回收一个玻璃瓶节省的能量，可使灯泡亮4h。令人遗憾的是，我国目前的废玻璃回收再造也没能超过10%，其原因依然是玻璃和其他垃圾混合在一起，分离的费用远超过回收的经济价值。

3. 人们手中的破铜烂铁——易拉罐、铁皮罐头盒、废电池的回收

废罐溶解后可100%地无数次循环再造成新罐，而且还可制成汽车和飞机等的零件，甚至家具。循环再造铝罐可节省95%新铝罐所需的能源，减少95%的空气污染。丢弃一个铝罐就等于浪费半个铝罐的石油。废电池中所含的汞、镉是污染性极强的有毒金属，但回收电池可提取金属锌、铜和二氧化锰等。

目前我国的铁制品回收业相当发达，在专业人员的配合下，铁制品的回收率超过60%，但废旧电池的回收则不容乐观。由于电池中含有有毒金属，所以电池的回收保管需要一定的条件，这就使得一些地区出现了“集了电池无处送”的现象。

延伸阅读二：各类垃圾

1. 电子垃圾

数码科技日新月异，数码产品已深入到我们每个人的生活中。但它在给我们带来便捷的同时也产生了数量巨大的电子垃圾，成为地球的沉重负担。电子垃圾现在还没有明确的技术标准来确定，但笼统地说，凡是已经废弃的、或者已经不能再使用的电子产品，都属于电子垃圾。如旧电视机、旧电脑、旧冰箱、旧手机，以及旧集成电路板等。

电子垃圾是困扰全球环境的大问题。特别是发达国家，由于电子产品更新换代快，电子垃圾的产生速度更快。据统计，德国每年产生电子垃圾180万吨，法国50万吨，整个欧洲600万吨。而美国更惊人，仅淘汰的电脑就达到3亿～6亿台。我国于2002年进入电子产品报废高峰期，其后电子垃圾产生量与日俱增。

当这些电子垃圾数量越来越多的时候，它的危害就显现出来了。随着欧洲环保法令的日益严厉，中国正迅速成为电子垃圾的主要“进口国”和避风港。世界上有80%的电子垃圾被运出欧洲，而中国就接纳了这80%中的90%。电子垃圾不仅量大而且危害严重。如果处理不当对人和环境会造成严重危害，特别是电视、电脑、手机等产品，含大量有毒有害物质。如果将这些电子垃圾随意丢弃或掩埋，大量有害物质渗入地下，会造成地下水严重污染；如果进行焚烧，会释放大量有毒气体，造成空气污染。

2. 洋垃圾——跨越国境的“生态灾难”

发达国家已对气候环境问题达成“历史性共识”，而发展中国家却在承受着漂洋过海而来的生态灾难。资料显示，每年全球月产生200万～5000万吨电子垃圾，其中70%被倾销到亚洲，剩下的大多数被运往印度和非洲国家。索马里、加纳、尼日利亚等国更是成了西方国家的“垃圾倾倒场”。国际销售者组织官员卢克·厄普秋尔奇对此评论说：“如同哈利·波特的魔法般玄妙，每年数万吨电子垃圾从发达国家神秘蒸发。但最终，你总能在发展中国家找到它们。”“非洲最大的垃圾场”——肯尼亚的丹多勒，几乎所有的儿童都呈现重金属中毒的症状。与此同时，电子垃圾走私正在走向集团化。联合国报告称，丰厚的利润使有组织的犯罪集团由毒品走私转为电子垃圾走私。

发展中国家何以要为不可承受之“毒”来埋单？数据显示，西方的安全法规抬高了处理电子垃圾的成本，若将其出口，不仅能省下这笔费用，有时还能获取利润。联合国环境署执法主任阿希姆·施泰纳毫不讳言，发达国家打着“扶贫捐赠”的旗号，向非洲运输二手电脑，结果至少1/4根本无法使用，最终只能被填埋。这使得渴望技术设备的落后国家依旧无法填平与发达国家之间的“数字鸿沟”，却要背负着发达国家电子垃圾的侵害。

即使处在批评和指责声中，发达国家出台的不少环保措施仍难以真正的施行。尽管世界各国均已认可旨在限制有害物质转移的《巴塞尔公约》，但危险废料的最大输出国美国却迟迟不肯签字。欧盟试图通过减税来鼓励电子产品回收也受到各方力量的百般阻挠，发展中国家应对洋垃圾的前景一片阴霾。但可以肯定的是，这不仅是发展中国家的灾难，更是整个地球的污染之痛，总有一天要全世界共同面对。

各抒己见

你所知道的固体废弃物还有哪些？你是怎么处理的？你已经用过几个手机了？废旧手机你是怎么处理的？

第七章

噪声污染及其防治

知识导航

本章主要介绍有关噪声的基本知识；噪声的控制及其防治措施。

第一节　概　　述

随着现代工业、建筑业和交通运输业的迅速发展以及人口密度的增加，各种机械设备、运输工具及各种家庭设施（音响、空调、电视机等）的急剧增加，噪声污染日益严重，它影响和破坏人们的正常工作和生活，危害人体健康，已成为当今社会四大公害之一。

一、基本概念

声音分为乐声和噪声。按一定规律做周期振动的物质发出的声音称为乐声，而振幅和频率杂乱、断续或统计上无规则的声振动称为噪声。除此之外，凡是干扰人们休息、学习和工作，引起人们烦躁、不舒服甚至对人体产生危害的声音都称为噪声。也就是说，噪声干扰不仅是由声音的物理性质决定的，还与人们的心理状态有关。

从保护环境角度看，噪声就是人们不需要的声音。它不仅包括杂乱无章不协调的声音，还包括影响他人工作、休息、睡眠、谈话和思考的音乐等声音。因此对噪声的判断不仅仅是根据物理学上的定义，往往也与人们所处的环境和主观感觉反应有关。

二、噪声的主要特征

1. 噪声是感觉公害

噪声是物理污染（成能量污染），是感觉公害，受害程度取决于受害人的生理、心理及所处的环境等因素。评价环境噪声对人的影响有其显著特点，它不仅取决于噪声强度的大小，还取决于受影响人当时的行为状态，并与本人的生理（感觉）与心理（感觉）因素有关。不同的人或同一人在不同的行为状态下对同一种噪声会有不同的反应。因此噪声标准要根据不同时间、不同地区和不同行为状态来确定。

2. 噪声的局限性和分散性

任何一个环境噪声源，由于距离、发散衰减等因素只能影响一定的范围，超过一定范围就不再有影响，因此环境噪声是有局限性的。然而环境噪声源往往不是单一的，在人群周围噪声源无处不在，分布是发散的。

3. 噪声的暂时性（即无后效性）

噪声是一种物理性污染，它与化学性、生物性污染不同的地方在于环境噪声的污染特点是局部性、区域性和无后效性。即它在环境中只造成空气物理性质的暂时变化，当污染源停止运转后，污染也立即消失，不留任何残余污染物质，所以噪声是“隐形杀手”，只要人们在噪声源、噪声传播过程中以及个人防护技术上加以恰当的控制，就能够使其远离我们的生活。

三、噪声源及分类

声音是由振动产生的，振动的一切物体称为声源，它可以是固体、气体或液体。产生噪声的声源为噪声源。声源、介质、接收器为声源的三要素。按照噪声来源可将噪声分为以下五类。

1. 工业噪声

在工业生产活动中使用固定的设备（如鼓风机、汽轮机、织布机、冲床）时所产生的干扰周围生活环境的声音称为工业噪声。工业噪声在我国城市环境噪声中所占比例很大，它虽比流动的交通噪声传播范围要小些，但因声源位置相对固定，持续发声时间又长，对周围环境造成的影响往往更加严重。

2. 施工噪声

在建筑施工过程中由于使用一些器械（如打桩机、混凝土搅拌机、卷扬机、推土机）所产生的干扰周围环境的声音称为施工噪声。因施工机械功率大，转速高，所以此类噪声的强度普遍较高。

3. 交通噪声

机动车辆、铁路机车、机动船舶、航空器等交通运输工具在运行时所产生的干扰周围生活环境的声音称为交通噪声。在现代化的大城市中，道路交通噪声所辐射的声能占城市噪声总量的44%左右，其中以机动车辆占主导地位。交通噪声的发生强度虽然通常比工矿企业的要小一些，但影响范围大、持续时间长，使城市市民的正常活动，包括工作、学习和睡眠受到不同程度的干扰。

4. 社会生活噪声

人为的一些活动（如人群大声喧闹、高音喇叭、扩音器等）所产生的除工业噪声、施工噪声和交通噪声之外的干扰周围生活环境的声音称为社会生活噪声。社会生活噪声的强度比其他几类小，但涉及的范围却十分广泛。

5. 自然噪声

火山爆发、地震、山崩和滑坡等自然现象会产生空气声、地生和水声，此外，自然界还有潮汐声、雷声、瀑布声、风声及动物发出的声音等，这些非人为活动产生的声音，统称为自然噪声。

四、噪声的危害

噪声作用于人体，对人体的影响是多方面的，它不仅会影响听力，而且会干扰睡眠，引发神经系统、心血管系统、消化系统等的疾病，所以有人称噪声为“致人死命的慢性毒药”。

听力在接触噪声后短时间内暂时下降的现象称为听觉疲劳，或“暂时性听阈偏移”。人耳长期暴露在较高噪声环境中，听觉器官会发生器质性病变，发展成永久性听力损失。

1. 噪声干扰休息和睡眠，影响工作效率

（1）干扰休息和睡眠 休息和睡眠对人是极其重要的，但噪声使人不得安宁，难以休息和入睡。当噪声声级为50dB（A）时，所有人的睡眠深度都会减弱，其中被吵醒的比例增加到50%。

（2）使工作效率降低 噪声对脑力劳动的影响比较明显，在嘈杂的环境中，精力不易集中，难以进行深入的思维活动，心情烦躁，工作效率低。研究发现，噪声超过85dB（A）时，会使人感到心烦意乱，感到吵闹，因而无法专心工作，导致工作效率降低，甚至导致工伤事故的发生。

2. 损伤听觉、视觉器官

（1）噪声对听力的损伤 强的噪声可以引起耳部的不适，如耳鸣、耳痛、听力损伤。据测定，超过115dB的噪声会造成耳聋。若在85dB以上噪声环境中生活，造成耳聋的概率可达50%。

（2）噪声对视力的损害 人们只知道噪声影响听力，其实噪声还影响视力。噪声达到95dB时，有40%的人瞳孔放大，视力模糊，而噪声达到115dB时，多数人的眼球对光亮度的适应都有不同程度的减弱。所以长时间处于噪声环境中的人很容易发生眼疲劳、眼痛、眼花和视物流泪等眼损伤现象。同时，噪声还会使色觉、视野发生异常。调查发现，噪声使人对红、蓝、白三色视野缩小80%。

3. 对人体生理的影响

噪声是一种恶性刺激物，长期作用于人的中枢神经系统，可使大脑皮质的兴奋和抑制失调，反射异常，出现头晕、头痛、耳鸣、多梦、失眠、心慌、记忆力减退、注意力不集中等症状，严重者可产生精神错乱。这种症状用药物治疗疗效很差，但当脱离噪声环境时，症状就会明显好转。

（1）损害心血管 噪声是心血管疾病的危险因子，噪声会加速衰老，增加心肌梗死发病率。特别是夜间噪声会使发病率更高。

（2）对女性生理机能的损害 女性受噪声的威胁，能导致性机能紊乱、月经失调、流产率增加等。还可导致孕妇流产、早产，甚至可致畸胎。国外曾对某个地区的孕妇普遍发生流产和早产做了调查，结果发现她们居住在一个飞机场的周围，祸首正是那起飞降落的飞机所产生的巨大噪声。

（3）对人的中枢神经的损害 噪声作用于人的中枢神经系统，能使人的大脑皮层兴奋或抑制，平衡失调，导致条件反射异常，大脑功能受损，记忆力减退以及恐惧、易怒、自卑甚至精神错乱。噪声是一种无形的暴力，是大城市的一大隐患。1959年，美国有10人自愿做噪声实验，当实验用飞机从10名实验者头上10～12m的高度飞过后，有6人当场死亡，4人数小时后死亡。验尸证明10人都是由于噪声引起的脑出血，可见这个“声学武器”的巨大威力。

4. 噪声对动物的影响

噪声对自然界的生物也有伤害。噪声能对动物的听觉器官、视觉器官、内脏器官及中枢神经系统造成病理性变化。噪声对动物的行为有一定影响，可使动物失去行为控制能力，出现烦躁不安、失去常态等现象。

5. 特强噪声对仪器设备和建筑结构的危害

实验研究表明，特强噪声会损害仪器设备，甚至使仪器设备失效。噪声对仪器设备的影响与噪声强度、频率及仪器设备本身的结构与安装方式等因素有关，当特强噪声作用于火箭、宇航器等机械结构时，会使材料产生疲劳现象而断裂，可能造成飞机或导弹飞行事故。

延伸阅读：重大噪声污染事件

1981年，在美国举行的一次现代派露天音乐会上，当震耳欲聋的音乐声响起后，有300多名听众突然失去知觉，昏迷不醒，100辆救护车到达现场抢救。这就是骇人听闻的噪声污染事件。

噪声研究始于17世纪，20世纪50年代后，噪声被公认为是一种严重的公害污染。有关噪声污染的事件也屡有报道。1960年11月，日本广岛市的一男子被附近工厂发出的噪声折磨得烦恼万分，以致最后刺杀了工厂主。无独有偶，1961年7月，一名日本青年从新泻来到东京找工作，由于住在铁路附近，日夜被频繁过往的火车噪声折磨，患上失眠症，不堪忍受痛苦，终于自杀身亡。同年10月，东京都品川区的一个家庭，母子3人因忍受不了附近建筑器材厂发出的噪声，试图自杀，未遂。我国也是噪声污染比较严重的国家，全国有近2/3的城市居民在噪声超标的环境中生活和工作着，对噪声污染的投诉占环境污染投诉的近40%。

噪声污染给人体带来的健康风险可以用一个金字塔三角形来表示。金字塔最底层，受到影响人数最多的噪声影响是产生“不舒服感”，比如导致扰民的情况。往上一层是导致“压力”。再往上就出现了“风险因素”，引起包括如血压、胆固醇、血糖等身体因素的疾病风险。再上一层就是“疾病”，比如能引起睡眠失调、心血管疾病等。而金字塔的最顶层就是可怕的“死亡”。

第二节 噪声控制与综合防治简介

一、声源控制

降低声源本身的噪声是治本的方法。从声源上降低噪声是指将发声大的设备改造成发声小的或不发声的设备，其方法如下。

1. 改进设计以降低噪声

在机械设计和制造过程中选用发声小的材料制造机件，改进设备结构和形状，改进传动装置及选用已有的低噪声设备，都可以降低声源的噪声。

2. 改进工艺和操作方法降低噪声

改革工艺和操作方法，也是从声源上降低噪声的一种途径。

3. 提高零部件加工精度和装配质量

零部件加工精度的提高，使机件间摩擦尽量减少，从而使噪声降低。降低机器设备的噪声，对提高机器的运行效率、降低能量消耗、延长其使用寿命都有好处。

4. 保持设备处于良好的运转状态

设备运转不正常时噪声往往增高，所以需要加强对各类机械设备的维护和保养，保证设备处于良好的运转状态。

二、噪声传播途径控制

在噪声传播途径上降低噪声是一种常用的噪声防治手段，以使噪声敏感区达标为目的。

具体做法如下。

1. 采用“闹静分开”的方法降低噪声

居民住宅区、医院、学校、宾馆等需要较高的安静环境，应与商业区、娱乐场所、工业区分开布置；要根据不同使用目的的建筑物的噪声标准安排建筑物的场所和位置；在区域规划中，应考虑不同功能区的划分，如日本东京，将工厂集中到机场附近，使高噪声的单位集中到一个地区。

2. 利用自然地形地物降低噪声

如噪声源和噪声敏感区之间有山丘、土坡、地堑等地形地物时，可利用他们的障碍作用减少噪声的干扰。

3. 利用绿化降低噪声

采用植树、植草坪等绿化手段也可减少噪声的干扰程度，多条窄林带的隔声效果比只有一条宽林带好，树种一般选择树冠矮的乔木，阔叶树的吸声效果比针叶树好，灌木丛的吸声效果更为显著。

4. 利用卫星城的建立降低噪声

卫星城是指在大城市外围建立的既有就业岗位又有较完善的住宅和公共设施的城镇，是在大城市郊区或其以外附近地区，为分散中心城市的人口和工业而新建或扩建的具有相对独立性的城镇。当前世界上许多国家开始以建立卫星城的办法来解决城市噪声问题。

5. 利用声学控制手段减低噪声

这里包括吸声、隔声、消声等手段。

延伸阅读：现代人的听力在下降

“早晚有一天，人类为了生存将要与噪声奋斗，犹如对付霍乱和瘟疫那样。”德国著名细菌学家、医生罗伯特科赫曾作出这样的预言。这一天已经来到！如今人们已经生活在噪声中，大都市的人更是如此，每天呼啸而过的各种机动车辆、铁轨发出的刺耳摩擦声，空中掠过的飞机轰鸣声不绝于耳，即使是在夜间也无法让人安宁，失眠、心慌、精力无法集中时刻困扰着人们。

噪声通常用分贝（dB）表示，一般说话的声音为40～60dB，嗓门大的人说话声音可达60～80dB，相当于一台针式打印机或一台割草机发出的声响。也就是说，当噪声超过80dB时就有可能对人体的健康状况造成伤害。科学家研究显示，临街建筑物内的噪声可达65dB，在此居住的人心血管受伤害程度要比生活在噪声50dB或50dB以下的环境的人高20%以上。如果噪声达到80dB或100dB，即相当于一辆从身旁驶过的卡车或电锯发出的声音，会对人的听力造成很大伤害。当噪声超过100dB，就属于人们难以忍受的噪声，相当于圆锯、空气压缩锤或者迪斯科舞厅、随身听、战斗机发出的噪声。爆破及有些打击乐发出的声响可达120dB以上，处于这种环境下的人体健康将会遭受到极大的伤害。

专家指出，现代年轻人到了40岁时听力就远不如过去60岁的老人。主要原因是他们尚未意识到噪声的危害，频繁出入迪斯科舞厅，耳机长期塞在耳朵上，连续几小时高分贝的噪声足以毁掉他们的听力。有人以为在噪声环境中生活久了就听不到噪声了，这只是自欺欺人。因为噪声不是你听不听得到的问题，它是以声波的形式传播的，它时刻围绕着你，时间久了就会影响你的心理状态，造成消化系统、心血管循环或神经性疾病。噪声对儿童的影响尤为严重，居住在机场附近的孩子记忆力和其他技能都比居住在安静环境下的孩子差。目前，由噪声引起的除耳病以外的各种疾病正日益蔓延。

当然，噪声对耳朵的伤害并非是立竿见影的，而是经过若干年后才表现为听力减退或失眠。据耳科专家称，大部分听力不好或失聪患者都属于职业病，他们常年工作在高噪声的环境中。另据德国政府统计，2000 年德国由噪声引起的听力减退患者人数为 6872 例（职业病），占全部听力患者的 37%。为此，专家警告：噪声严重影响人们的身体健康！德国劳动和卫生研究所所长提醒人们注意日常生活中的噪声，在休息或工作时要尽量在安静环境中。

鉴于困扰人们的噪声问题日渐增加，德国环境保护协会要求政府尽快采取行之有效的措施，如为降低噪声立法，以确保人们有一个安静的生活环境。德国交通俱乐部主席夏勒建议，应对市内车辆全部实行 30km 限速，靠近生活区的高速公路上应限速 100km，所有重型卡车禁止在市区通行。此外，摩托车、飞机、铁路也不得例外，均须加以限制，这样才能有效整治噪声。

各抒己见

你喜欢戴耳机听音乐吗？你知道长期戴耳机听音乐的危害吗？

第八章

其他环境污染及其防治

知识导航

本章主要介绍一些物理性污染的知识，包括放射性污染，电磁污染，电磁辐射，热污染和光污染的产生、传播机理、危害及防治等。

第一节　放射性污染

一、基本概念

在人类生存的地球上，自古以来就存在着各种辐射源，人类也就不断地受到照射。随着科技的发展，人们对各种辐射源的认识逐渐深入。

辐射是能量传递的一种方式，可分为：

① 电离辐射　能量最强，可破坏生物细胞分子，如α射线、β射线等。

② 有热效应非电离辐射　如微波、光等，能量弱，不会破坏生物细胞分子，但会产生温度。

③ 无热效应非电离辐射　如无线电波、电力电磁场，能量最弱，不会破坏生物分子，也不会产生温度。

在自然状态下，来自宇宙的射线和地球环境本身的放射性元素一般不会给生物带来危害。人类的活动使得人工辐射源和人工放射性物质大大增加，环境中的射线随之增强，威胁生物的生存。

④ 放射性污染源　是指环境中放射性物质的放射水平高于天然本底或超过规定的卫生标准。

⑤ 放射性污染物　主要指各种放射性核素。

二、放射性物质的来源

1. 环境中天然放射性的来源

(1) 宇宙射线　是从宇宙太空中辐射到地球上的射线。是人类始终长期受到照射的一种天然辐射源，由于地球磁场的屏蔽作用和大气的吸收作用，到达地面的强度是很弱的，对人体并无危害。

(2) 地球表面的放射性物质　地层中的岩石和土壤中均含有少量的放射性核素。

（3）空气中存在的放射性　由于地壳中的铀系和钍系的子代，往往在冬季或含尘量较大的城市空气中的放射性浓度较高，夏季低。室内空气中的放射性浓度比室外高，这主要和建筑材料及室内通风情况有关。

（4）地表水系含有的放射性　地表水系含有的放射性往往由流水类型决定，地球上任何一个地方的水或多或少都含有一定量的放射性，并通过饮用水对人体构成内照射。

（5）人体内的放射性物质　由于空气、土壤和水都含有一定量的放射性元素，通过人的呼吸、饮水和食物不断地把放射性核素摄入体内，进入人体的微量放射性核素分布在全身各个器官组织，对人体产生内照射剂量。

2. 环境中放射性污染的人为来源

人为来源主要有原子能工业排放的放射性废物，核武器试验的沉降及医疗、科研排出的含有放射性的废水、废气、废渣（三废）等。

（1）核工业　放射性矿的开采、冶炼等产生大量的污染物，由于原子能工业生产过程的操作运行都采取了相应的安全防护措施，“三废”排放也受到严格控制，所以对环境的污染并不十分严重。但是当原子能工厂发生意外事故时，其污染是相当严重的。

（2）核电站　核电站排出的放射性污染物为人工放射性元素，随着废水、废气和废渣的外排进入环境。但在正常情况下，核电站对环境的放射性污染很轻微，只有在核电站反应堆发生事故的时候，才可能对环境造成严重污染。

（3）核试验　核爆炸瞬间能产生穿透性很强的中子和射线，同时产生大量的放射性元素，放射性沉降物播散的范围很大，这些物质往往可以沉降到整个地球表面，而且沉降很慢，会造成全球污染。

（4）医疗放射性　在医疗检查和诊断过程中，患者身体都要受到一定剂量的放射性照射。

（5）科研放射性　除了原子能利用的研究单位外，金属冶炼、自动控制、生物工程、计量等研究部门，几乎都有涉及放射性方面的课题和实验。在这些研究工作中都有可能造成放射性污染。

（6）建筑材料和装饰材料中的放射性元素　一般建材包括砖类、地板类和墙面材料以及多种花岗岩类的石材中会含有一定量的放射性核素。

三、放射性污染的危害

1. 放射性污染的急性损伤

如果人在短时间内受到大剂量的X射线、γ射线和中子的全身照射，就会产生急性损伤，轻者有脱毛、感染等症状，当剂量更大时，出现腹泻、呕吐等肠胃损伤。在极高的剂量照射下，发生中枢神经损伤直至死亡。

2. 放射性污染的慢性损伤

在低剂量的长期作用下，中枢神经受损的症状主要有无力、怠倦、无欲、虚脱、昏睡等，严重时全身肌肉震颤而引起癫痫样痉挛。放射照射后的慢性损伤会导致人群白血病和各种癌症的发病率增加。辐射线破坏机体的非特异性免疫机制，降低机体的防御能力，易并发感染，缩短寿命。

3. 电离防辐射的远期效应

大剂量照射后，有些效应要经过很多年以后才会出现。放射性物质产生的辐射对人群健康的影响是深远的。

四、放射性污染的防治

放射性废物处理与处置问题早已引起了环境科学界的关注，并且已经展开了大量研究工作，已形成一整套特殊的环境工程技术体系，并在不断完善。

根据国际原子能机构的建议，放射性废液、废气按单位体积具有的放射性强度制定了分类标准，固体废弃物按单位时间固体表面辐射的剂量进行分类。

低放射性废水处理后可回收利用；中水平放射性废液产生途径较多，成分比较复杂。中水平放射性废液的主要处理手段是蒸发浓缩，使废液体积进一步减小，达到形成高放射性废液的水平；高放射性废液是核工业中最高水平的放射性废液，大多数国家都采用固化技术进一步处理，以便实施最终安全处置。

放射性固体废物固化和储存是固体废弃物的最终处置途径。在核工业环境工程领域将这种最终安全处置称作“地质隔离”，地质隔离的选址条件更加严格，选择沙漠或山区谷地为宜。

对于低放射性废气，特别是不含长寿命的超铀元素的低放射性废气，一般可直接稀释排放。

第二节 电磁污染

由于广播、电视、微波技术的发展，射频设备功率成倍增加，地面上的电磁辐射大幅增加，已达到直接威胁人体健康的程度。过量的电磁辐射就造成了电磁污染。

一、电磁污染的种类

电磁污染包括两类：天然源与人为源。天然的电磁污染是由某些自然现象引起的，最常见的是雷电、火山喷发、地震和太阳黑子活动引起的磁暴等，都会产生电磁干扰，天然的电磁污染对短波通信的干扰极为严重。

人为的电磁污染包括脉冲放电、工频交变电磁场、射频电磁辐射，射频电磁辐射已经成为电磁污染环境的主要因素。

二、电磁污染的传播途径

电磁污染大体可由下述三种途径传播。

1. 空间辐射

一种是以场源为核心，在半径为一个波长范围内，电磁能向周围传播，将能量施加于附近的仪器及人体。另一种是在半径为一个波长范围之外，电磁能进行传播，以空间放射方式将能量施加于敏感元件。

2. 导线传播

当射频设备与其他设备共用同一电源或者两者之间有电气连接关系，电磁能即可通过导线传播。

3. 复合传播

属于同时存在空间传播和导线传播所造成的电磁辐射。

三、电磁辐射的危害

电磁辐射的危害程度随波长而异，波长越短对人体作用越强，微波作用最为突出。处于中、短波频段电磁场（高频电磁场）的操作人员或居民，经受一定强度与时间的暴露，将产生身体不适感，严重者可引起神经衰弱症候群与反映在心血管系统的植物神经失调。但这种作用是可逆的，脱离作用区，经过一段时间的恢复，症候可以消失，不形成永久性损伤。处于短波与微波电磁场中的作业人员与居民，其受害程度要比中、短波严重。尤其是微波的危害更甚。这种危害的主要病理表现为：引起严重的神经衰弱症状，造成植物神经机能紊乱，在高强度与长时间作用下，对视觉器官造成严重损伤，对生育机能也有显著不良影响。

恶化的电磁环境不仅对人类身体健康产生威胁，更大的危害是对人们生活日益依赖的通信、计算机与各种电子系统造成严重的干扰。

延伸阅读：手机电磁波污染问题

现代人人手一部手机，它的电磁波其实是很强的。在电脑前拨通手机，往往会发现电脑屏幕闪烁不已；如果在打开的收音机前拨手机，收音机也会受到很大的干扰。手机对飞机和汽车等交通工具有影响，对人体也有危害。

1. 手机对交通工具的影响

手机是高频无线通信，其发射频率多在800MHz以上，而飞机上的导航系统又最怕高频干扰，飞行中若多人使用手机，就极有可能导致飞机的电子控制系统出现误动，使飞机失控，发生重大事故。

1991年英国劳达航空公司那次触目惊心的空难有223人死亡。据有关部门分析，这次空难极有可能是因为机上有人使用笔记本电脑、手机等电子设备，它释放的频率信号启动了飞机上的反向推动器，致使机毁人亡。我国也有类似的事情发生，曾经发生过由于四五名旅客使用手机致使行驶中的飞机一度偏离正常航迹的事。

从对以上几次比较典型的事故分析来看，都极有可能与使用手机等电子设备有关。世界各国都相继制定了限制在飞机上使用手机的规定。这不仅关系到飞机的安全，也直接关系到机上数百人的生命财产安全。

2. 手机对人体的危害

手机使用时靠近人体对电磁辐射敏感的大脑和眼睛，对机体的健康效应已引起人们的重视。随着手机的日益普及，手机能够诱发脑瘤的报道不时见诸报端，引发了公众对电磁辐射污染的关注。

手机无线电波和自然界的可见光、医疗用的X射线及微波炉所产生的微波都属于电磁波，只是频率不同。X射线的频率可超过百万兆赫兹，至于手机所用的无线电波，则大约只有数百万赫兹。通话时手机的无线电波有二至八成会被使用者吸收。

近年来有越来越多的证据指出，手机有热效应，是指手机的无线电波被人体吸收后，会使局部组织的温度升高，若一次通话过久，而且姿势保持不变，也会使局部组织的温度升高，造成病变。另外也有研究发现，经常使用手机会有头疼、记忆力下降等症状，这是由于手机无线电波所形成的非热效应所造成的。研究报告显示，使用手机越频繁，产生头痛的概率就越大，每天使用手机2～15min的人，头痛的概率会高于使用少于2min人的两倍，而使用手机15～60min的人会高于3倍，超过1h的人则会高出6倍。

由于手机的热效应具有潜在的危害性，所以使用手机每次通话时间不宜过长；此外，一些免提装置，可避免天线过于贴近身体，可降低无线电波被身体吸收的比例。

研究显示，手机电磁波是有累计效应的。以 200 只老鼠做实验，100 只受电磁波照射，另 100 只没有，经过一年半后，受电磁波照射的老鼠死了，医生解剖发现，其脑瘤 9 个月前即已显示，且逐渐增大。以此类推，人类的累计效应 10 年后才会显示出来，即得肿瘤的概率可能会大幅度提高。

第三节 热 污 染

一、概述

随着社会生产力的迅速发展，使得人类不断消耗大量燃料，造成了环境的污染，而且产生了大量的热能释放到环境中，对环境产生不良的增温作用而形成热污染。热污染是一种能量污染，是指人类活动危害热环境的现象。人类活动主要从以下几个方面影响热环境。

1. 空气中二氧化碳含量增加

由于化石燃料的大量燃烧，使空气中二氧化碳的含量不断增加。

2. 空气中微细颗粒物大量增加

大气中微细颗粒物对环境有变冷变热双重效应。颗粒物一方面会加大对太阳辐射的反射作用，另一方面也会加强对地表长波辐射的吸收作用。究竟哪一方面起到关键作用，主要取决于微细颗粒物的粒度大小、成分、停留高度、下部云层和地表的反射率等多种因素。

3. 对流层中水蒸气大量增加

这主要是由日益发达的国际航空业的发展引起的。对流层上部的自然湿度是非常低的，亚音速喷气式飞机排出的水蒸气在这个高度形成卷云。凝聚的水蒸气微粒在近地层几周内就可沉降，而在平流层则能存在 1～3 年之久。当低空无云时，高空卷云吸收地面辐射，降低环境温度，夜晚由于地面温度降低很快，卷云又会向周围环境辐射能量，使环境温度升高。

4. 臭氧层的破坏

臭氧是大气中的微量气体之一，主要集中在平流层 20～25km 的高空，该层大气也称臭氧层。臭氧层对保护地球上的生命、调节气候具有极为重要的作用。但是，近几十年来，由于出现在平流层的飞行器逐渐增加，人类生产和使用消耗臭氧的有害物质增多，导致排入大气中的氮氧化物、氯氟烃等增多，使臭氧层遭到破坏。

二、水体的热污染

火力发电厂、核电站和钢铁厂的冷却系统排出的热水，以及石油、化工、造纸等工厂排出的生产性废水均含有大量废热。

热污染首当其冲的受害者是水生生物，此外河水水温上升给一些致病微生物创造了一个人工温床，使它们得以滋生、泛滥，引起疾病流行，危害人类健康。温度是水生生物繁殖的基本因素，水温增高会导致产卵季节的紊乱和影响卵的成熟过程，降低鱼的繁殖能力，使生物群体数量减少；温度是鱼类识别环境的重要标志，水体热污染可能会破坏鱼类的洄游规律。

三、热污染的防治

1. 废热的综合利用

充分利用工业的余热，是减少热污染最主要的措施。我国每年可利用的工业余热相当于

5000万吨标煤的发热量。对于冷却介质余热的利用方面主要是电厂和水泥厂等冷却水的循环使用，改进冷却方式，减少冷却水排放。

2. 加强隔热保温，防止热散失

在工业生产中，有些窑体要加强保温、隔热措施，以降低热损失。

3. 寻找新能源

利用水能、风能、地能、潮汐和太阳能等新能源，既解决了污染物，又防止和减少热污染的产生。特别是在太阳能的利用上，各国都投入了大量人力和财力进行研究，并取得了一定的效果。

4. 对于水体热污染的防治

原则就是减少热污染物的排放，提高废热的综合利用程度。目前人们对电站所产生的冷却水都采用了冷却塔进行冷却重复利用的方法，这样处理后既节约了能源，也防止了污染。

第四节 光 污 染

一、光污染的产生

光污染是指人类生活、生产和工作的室内外环境中所存在的过量的光辐射，即人们把那些对视觉、对人体有害的光称作光污染。

国际上一般将光污染分成三类，即白亮污染、人工白昼和彩光污染。

1. 白亮污染

当太阳光照射强烈时，城市里建筑物的玻璃幕墙、釉面砖墙、磨光的大理石和各种涂料等装饰反射光线，明晃白亮、炫眼夺目，夏天玻璃幕墙强烈的反射光进入居民楼房内破坏室内原有的良好气氛，也使气温平均升高4～6℃，烈日下驾车行驶的司机会出其不意地遭到玻璃幕墙反射光的突然袭击，眼睛受到强烈刺激，很容易诱发车祸。

2. 人工白昼

夜幕降临后，商场、酒店上的广告灯、霓虹灯闪烁夺目，令人眼花缭乱。有些强光束甚至直冲云霄，使得夜晚如同白天一样，即所谓人工白昼。在这样的“不夜城”里，夜晚难以入睡，扰乱人体正常的生物钟，导致白天工作效率低下。目前大城市普遍过多使用灯光，使天空太亮，看不见星星，影响了天文观测、航空等。据天文学家统计，在夜晚天空不受光污染的情况下，可以看到的星星约为7000颗，而在路灯、背景灯、景观灯乱射的大城市里，只能看到20～30颗星星。

3. 彩光污染

舞厅、夜总会安装的黑光灯、旋转灯、荧光灯以及闪烁的彩色光源构成了彩光污染。人们长期处在彩光灯的照射下，因心理积累效应，也会不同程度地出现倦怠乏力、头晕、神经衰弱等症状。

二、光污染的危害

1. 破坏生态环境

大多数动物在晚上不喜欢强光照射，可夜间室外照明产生的天空光、溢散光、干扰光和反射光往往把动物的生活和休息环境照得很亮，打扰了动物生物钟的节律，长此下去，生态平衡必将受到严重破坏。

2. 扰乱居民生活

2002年北京某小区出现大量蝗虫，可是出了小区就见不到蝗虫的踪影，据分析是小区灯太亮，把附近的蝗虫都吸引过来了。此外，室外大型灯光广告的光污染也是吸引蝗虫的一个重要原因。在夏天，玻璃幕墙强烈的反射光可使室内温度升高，使家具及电器老化。

3. 危害人体健康

长时间在白色光亮污染环境下工作和生活的人，视网膜和虹膜都会受到不同程度的损害，视力急剧下降，严重时还会产生头昏心烦甚至失眠、食欲下降、情绪低落、身体乏力等类似神经衰弱的症状。光污染另外一个危害最大、离我们最近、却往往被人们忽视的是白纸，近距离读书写字使用的书本纸张越来越白，越来越光滑，在这个“强光弱色”的局部环境中，人眼收到的光刺激很强，但眼睛的视觉功能却受到很大的抑制，视觉功能不能充分发挥，眼睛特别容易疲劳，这是造成近视的主要原因。

4. 影响城市环境和气候

现在全国各地用电极为紧张，很多地方对居民和工厂实行拉闸限电或者限时用电的措施。城市照明中的光污染不仅耗电过多，也消耗了大量能源，还加剧了城市“热岛现象”。

5. 增加交通事故

室外夜间照明产生的光干扰，特别是眩光对汽车司机和火车司机的视觉作业造成不良影响，甚至引发交通事故。此外还影响为交通运输业提供视觉信息的信号灯、灯塔和灯光标志等的正常工作，降低其工作效能。

三、光污染的控制

光对环境的污染的确是存在的，但由于缺少相应的污染标准与立法，因而不能形成较完整的环境质量要求与防范措施。防治光污染并将其降低到最低限度，首要一环是消除光污染源。消除光污染源的主要手段如下。

（1）建筑物外墙少用或不用玻璃幕墙　玻璃幕墙是现代一种新型墙体形式，在第二次世界大战之后被广泛用于大型办公建筑中。但随着使用年限的增长，玻璃幕墙的隐患也开始逐渐显露出来，大面积的玻璃幕墙暴露出其光污染和高耗能的一面。许多国家如日本、德国及北欧的一些国家，早在十几年前就已明令禁止使用。然而在我国，由于玻璃幕墙成本低、标准不严、不用考虑窗间墙和楼板以及景观朝向，使之成为不少大型建筑物的“宠儿”，一幢一幢玻璃大厦如雨后春笋，矗立在闹市区。

（2）白天尽量使用自然光线　在白天最好利用自然光线，要经常打开窗户，让阳光进入室内。

（3）必须实行室内照明时，应当合理设计采用照明设备。

（4）实施绿色照明工程　绿色照明是指通过科学的设计，采用效率高、寿命长、安全和性能稳定的照明电器系统，改善并提高人们工作、学习、生活的条件和质量。

（5）要注意个人保健　个人如果不能避免长期处于光污染的工作环境中，应采取个人防护措施，戴防护镜等。

延伸阅读：城市热岛效应

所谓城市热岛效应，通俗地讲就是城市化的发展，导致城市中的气温高于外围郊区的这种现象。在气象学近地面大气等温线图上，郊外的广阔地区气温变化很小，如同一个平静的海面，而城区则是一个明显的高温区，如同突出海面的岛屿，由于这种岛屿代表着高温的城市区域，所以就被形象地称为城市热岛。在夏季，城市局部地区的气温，能比郊区高6℃甚至更高，形成高强度的热岛。可见，城市热岛反映的是一个温差的概念，只要城市与郊区有明显的温差，就可以说存在了城市热岛。因此，一年四季都可能出现城市热岛。但是，对于居民生活的影响来说，主要是夏季高温天气的热岛效应。医学研究表明，环境温度与人体的生理活动密切相关，环境温度高于28℃时，人们就会有不舒适的感觉；温度再高就易导致烦躁、中暑、精神紊乱；气温高于34℃，并且频繁的热浪冲击，还可引发一系列疾病，特别是使心脏、脑血管和呼吸系统疾病的发病率上升，死亡率明显增加。此外，高温还加快光化学反应速率，从而使大气中 O_3 浓度上升，加剧大气污染，进一步伤害人体健康。

城市热岛的形成，显然是与城市化的发展密不可分的，其形成的直接原因有以下四点。

首先，是城市下垫面（大气底部与地表的接触面）特性的影响。城市内大量人工构筑物如铺装地面、各种建筑墙面等，改变了下垫面的热属性。城市地表含水量少，热量更多地以显热形式进入空气中，导致空气升温。同时城市地表对太阳光的吸收率较自然地表高，能吸收更多的太阳辐射，进而使空气得到的热量也更多，温度升高。如夏天里，草坪温度32℃、树冠温度30℃的时候，水泥地面的温度可以达到57℃，柏油马路的温度更高达63℃，这些高温物体形成巨大的热源，烘烤着周围的大气和我们的生活环境，怎么能不热呢？

其次是城市大气污染。城市中的机动车辆、工业生产以及大量的人群活动，产生了大量的氮氧化物、二氧化碳、粉尘等，这些物质可以大量地吸收环境中热辐射的能量，产生众所周知的温室效应，引起大气的进一步升温。

再次是人工热源的影响。工厂、机动车、居民生活等，燃烧各种燃料、消耗大量能源，无数个火炉在燃烧，都在排放热量。

最后是城市里的自然下垫面减少了。城市的建筑、广场、道路等等大量增加，绿地、水体等自然因素相应减少，放热的多了，吸热的少了，缓解热岛效应的能力就被削弱了。既然城市中人工构筑物的增加、自然下垫面的减少是引起热岛效应的主要原因，那么在城市中通过各种途径增加自然下垫面的比例，便是缓解城市热岛效应的有效途径之一。

城市绿地是城市中的主要自然因素，因此大力发展城市绿化，是减轻热岛影响的关键措施。绿地能吸收太阳辐射，而所吸收的辐射能量又有大部分用于植物蒸腾耗热和在光合作用中转化为化学能，用于增加环境温度的热量大大减少。绿地中的园林植物，通过蒸腾作用，不断地从环境中吸收热量，降低环境空气的温度。每公顷绿地平均每天可从周围环境中吸收81.8MJ的热量，相当于189台空调的制冷作用。园林植物光合作用，吸收空气中的二氧化碳，一公顷绿地每天平均可以吸收1.8t的二氧化碳，削弱温室效应。此外，园林植物能够滞留空气中的粉尘，每公顷绿地可以年滞留粉尘2.2t，降低环境大气含尘量50%左右，进一步抑制大气升温。研究表明：城市绿化覆盖率与热岛强度成反比，绿化覆盖率越高，则热岛强度越低，当覆盖率大于30%后，热岛效应得到明显的削弱；覆盖率大于50%，绿地对热岛的削减作用极其明显。规模大于3公顷且绿化覆盖率达到60%以上的集中绿地，基本上与郊区自然下垫面的温度相当，即消除了热岛现象，在城市中形成了以绿地为中心的低温区域，成为人们户外游憩活动的优良环境。除了绿地能够有效缓解城市热岛效应之外，水面、风等也是缓解城市热岛的有效因素。水的热容量大，在吸收相同热量的情况下，升温值最小，表现出比其他下垫面的温度低；水面蒸发吸热，也可降低水体的温度。风能带走城市中的热量，也可以在一定程度上缓解城市热岛。因此在城市建筑物规划时，要结合当地的风向，不要把楼房全部建设成东西走向的，要建设成为便于空气流通的模式；同时，最好将一些单位的高院墙拆掉，建成栅栏式，增加空气流通。同时，减少人为的热释放，尽量将民用煤改变为液化气、天然气，集中供热也是一项重要的对策。

各抒己见

到目前为止，你所知道的放射性污染事件有哪些？造成了哪些危害？

第九章

机械行业的环境保护

知识导航

本章主要介绍了机械行业在环境保护中的作用；机械行业中存在的环境保护问题以及一些主要的环保措施。

第一节　机械行业及其在环境保护事业中的地位

一、机械行业

机械行业的范畴相当广泛，如冶金、化工、矿山、石油、农业、起重运输、纺织、轻工、食品、建筑等各类机械生产部门都属于机械制造业，它对于一个国家的工业、农业、国防、文教、科学的发展起着重要的作用，也与广大人民群众的衣食住行等有着极为密切的关系。

机械制造厂一般的部门组成有：毛坯生产部门、机械加工部门、热处理与表面处理部门、装配部门、动力部门、运输部门、生活服务部门。

二、机械行业在环境保护事业中的地位

机械工业是我国最大的产业部门之一，纵观我国环境污染，工业污染是主要的，约占70%。而工业污染物中的大多数是各种工艺机械设备或各类机电产品在生产运行中产生的，环境保护事业的技术进步和各类污染治理设施的综合效益，基本上取决于所采用机械电子装备的性能、质量和更新速度。因此，机械电子工业作为国民经济装备部门在我国环境建设事业中处于重要而特殊的地位。一方面要治理好机电工业生产本身所造成的污染，另一方面要生产低污染、高性能的机电及配套的环境保护设备，还要为整个国民经济提供环境保护机械和资源综合利用技术装备。

第二节　机械行业环境保护的成就及存在的主要问题

一、机械制造厂各生产部门污染情况分析

机械制造工厂各生产部门污染情况分析如表 9-1 所示。

表 9-1　机械制造工厂各生产部门污染情况分析

项目	废水	废气	噪声	污染
毛坯生产部门	含大量砂砾等	含 CO_2、CO、SO_2，以及 Al、Zn、Cu 等金属微粒，有机挥发物、粉尘等	风力清砂、机械造型、锻造、加热熔炉、烧炉、风机、铆焊、木工锯刨	以废气和噪声为主
机械加工部门	含油污、金属、砂砾等		高速、强力切削	
热处理、表面处理部门	含氰化物、铬酸、氯化钡等	含氰化物、铬酸、无机盐、CO_2、CO、SO_2 等	喷砂、喷漆	以电镀废水、废气为主
装配部门			试车、包装	
动力部门		含 CO_2、CO、SO_2、烟尘等	鼓风机、压风机等	以废气为主
运输部门		含 CO_2、CO、SO_2 等		以废气为主
生活服务部门	含有机物、病菌等	含 CO_2、CO、SO_2、烟尘等		

二、机械行业环境保护存在的主要问题

① 蓄电池生产的铅污染、煤气站焦油处理、大型机械产品的铸造和喷砂粉尘、喷漆加工的漆雾等治理技术尚未解决。

② 随着乡镇企业的蓬勃兴起，电镀、蓄电池生产厂点盲目扩大和发展，对农业生态和食品卫生已构成极大威胁，机械行业生产噪声治理尚未普遍开展。

③ 众多机械工业企业的设备陈旧、工艺落后，环境美化和资源综合利用率低，从而加剧了生产环境污染，这一状况在企业中仍是普遍性的问题。

我国的机械产品除质量、寿命外，其环境指标大多低于国外先进水平。如单台汽车有害物质排放量为国外同类产品的数倍，乃至数十倍。工业泵、风机、变压器、工业锅炉等量大面广的产品，与国外同类产品相比，效率低、能耗高、噪声大。环境保护机械和综合利用装备产品多数质量差、水平低、价格高。

针对上述问题，机械工业环境保护工作必须进一步加强，否则，将难以适应国民经济建设和环境建设的需要。

第三节　机械行业环境保护工作目标和主要措施

一、生产环境污染的防治

为了让企业达到“环境优美”的目标，要强化环境管理，推行现代化管理方法，如目标管理、系统工程、网络技术等；全面制定企业污染治理和环境建设规划，落实企业污染治理资金渠道，根据目标，与企业经营责任制挂钩，层层分解下达，分步实施；严格建设项目环境影响报告书制度，控制新污染的发生；结合老企业的技术改造、设备更新，采用高效、低耗、少污染的新技术、新工艺、新设备，力求把污染物消除在生产过程中，最大限度地减少污染物的排放；在机械工业企业中广泛开展“清洁优美工厂”活动，将企业环境保护工作的优劣列入企业行为的必要考核条件中；加强厂际和行业合作，对工业废弃物尽量回收利用，对有毒有害废弃物实行无害化处理；严格控制污染严重的生产工艺或产品生产的扩散布点，

防止大中型企业向乡镇企业转嫁污染；加强环境监测、统计、教育培训工作，不断提高企业环境保护队伍的技术素质；加强企业环境污染治理设备、设施的维护管理，不断提高利用率。

二、机械产品的污染防治

凡与环境污染相关的机械产品，从设计、研制、定型到生产，均应与其他质量、经济指标一样，提出环境性能指标，并同时进行考核；要运用经济手段、法律手段和必要的行政手段，鼓励和推动研发生产能耗低、效率高、少污染或无污染的新型产品，促进现有产品的更新换代，淘汰陈旧落后的产品；各机械产品研究所要归口管理；对与主机配套的污染防治设备和与污染相关的机械产品，提出相应的环境控制指标，制定标准的测试方法；各有关的产品技术研究所应配备必要的测试手段；提高机械产品使用水平，确定机械产品使用年限，及时维修更新淘汰性能低劣的产品，会同有关部门制定并实施必要的监督法规；与重点控制的机械产品主机配套的环境保护设备、部件，应逐步做到择优定点生产，并与主机配套出厂，实现同时安装、同时调试、同时投产。

三、环保机械与资源综合利用技术装备的发展

要积极发展环保机械和资源综合利用技术装备的生产，要切实加强环保机械和资源综合利用技术装备的行业归口管理和统筹规划，充分发挥各个部门和各个地方的积极性，多渠道筹集资金，以先进设计、先进工艺、先进技术装备和现代化测试手段逐步改造重点骨干企业。逐步形成多层次产品系列、布局合理、具有我国特色的环保机械和资源利用装备工艺制造体系。根据国家政策和环境建设、资源综合利用事业法规的总体要求，按照国内外两个市场的需要和发展趋势，确定产品发展型谱系列和主要产品发展规模；要充分依靠科学技术进步，完善产品质量控制监督体系，大力提高产品质量；要进一步扩大技术引进的规模，争取必要的国际援助，采用多形式、多渠道方法，积极吸引外资，加强科技人才的合作与交流；搞好环保机械工业人才培养和在职干部、工人的培训工作，大力提高企业干部、工人队伍的素质；对环保机械行业实行必要的倾斜和经济优惠政策。

延伸阅读：机械行业安全事故案例

装置失效酿苦果，违章作业是祸根

违章作业是安全生产的大敌，十起事故，九起违章。在实际操作中，有的人为图一时方便，擅自拆除了自以为有碍作业的安全装置；更有一些职工，工作起来，就把“安全”二字忘得干干净净。

2001 年 5 月 18 日，四川广元某木器厂木工李某用平板刨床加工木板，李某进行推送，另有一人接拉木板。在快刨到木板端头时，遇到节疤，木板抖动，因李某疏忽，右手脱离木板而直接按到了刨刀上，瞬间李某的四个手指被刨掉。早在事发一年前，为了解决无安全防护装置这一隐患，木器厂专门购置了一套防护装置，但装上用了一段时间后，操作人员嫌麻烦而擅自拆除，结果不久就发生了事故。安全意识低是造成伤害事故的思想根源，我们一定要牢记：所有的安全装置都是为了保护操作者生命安全和健康而设置的。

起重机失控　钢水包撞倒他人

某钢铁公司炼钢车间徐某操作起重机吊运重 1.8t 的钢水包，准备将其放到平车上。当

吊车开到平车上方时，由于钢水包未对正平车不能下落。地面指挥人员要徐某稍动吊车，徐某稍一转动吊车操纵手柄，接触器失灵，吊车失控，吊着离地 1m 高的钢水包向前疾驶，驶到 4.9m 处一名员工躲避不及被撞倒，又继续前行 5.7m，直到挂住电炉支架，操作者才反应过来，将电源开关拉断，吊车才停。被撞者经抢救无效死亡。

起重机吊车制动器失灵是发生事故的直接原因，但操作者由于缺乏经验，发生意外没有及时切断电源总开关，以致发生这起死亡事故。严格执行起重设备安全规程，没有制动装置的或制动失灵的吊车不准使用，吊车驾驶员必须经过安全培训考试合格才准操作，是确保吊车安全运行的重要措施。

不用三芯插头　造成触电身亡

某集团公司安装钳工朱某在抛光车间通风过滤室安装过滤网，用手持电钻在角铁架上钻孔。使用时，电钻没有装三芯插头，而是把电钻三芯导线中的工作零线和保护零线扭在一起，与另一根火线分别插入三孔插座的两个孔内。当他钻几个孔后，由于位置改变，导线拖动，工作零线打结后比火线短，首先脱离插座，致电钻外壳带 220V 电压，通过身体、铁架、大地形成回路造成触电死亡。

严格手持电动工具管理，接线必须使用三芯插头插座，切不可图省事不用三芯插头。保护接零与工作零线不得共用，必须分别接至零线干线。手持电动工具按规定必须安装漏电保护器，使用手持电动工具时，必须戴绝缘手套和穿绝缘鞋。

非电工装灯泡　触电丧生

某单位管道组长曹某到地下减压室工作。室内一片漆黑，地面积水 70mm。有一根 6m 长的照明线，其中 1m 长在地上，灯头吊在距地面 1.4m 处。曹某拿来一个 200W 螺口灯泡，往灯口上装时，手碰螺口触电，左手紧握灯口倒地死亡。

危险环境的局部照明没有使用安全电压，灯口金属部分外露，手触裸露部位，造成了这起死亡事故。

违章指挥　自食恶果

某单位运输公司班长李某现场指挥 W-1001 型 15t 履带式起重机起吊 12 张钢板，重约 13.7t。当吊臂吊着重物向左转与东头呈 90°时，右面履带突然离地一尺多高，出现翻车现象，司机立即紧急刹车和松开钢丝绳，钢板快速落地，车子剧烈震动，使吊车后部用来固定配重的螺柱被扭断。李某认为无影响，继续指挥起吊，就在收绳起吊过程中，吊运的钢板卡进了地面堆放的钢板中。李某继续指挥吊车向右转，想用斜吊斜拉将钢板拽出来。司机加大油门斜吊，突然吊臂根部距车身 2.5m 处扭断，将站在吊车左侧的李某当场砸死。

这是一起典型的违章指挥和违章作业而引发的事故。起重操作规程中明确规定“十不吊”就有斜吊斜拉不吊。指挥者和操作者都应铭记在心，这是起码的常识。同时也规定了履带式起重机作业时，其悬臂所及的工作区域内禁止站人。李某与操作者都缺乏安全意识，存有侥幸心理，明知有故障而带病作业。如果有一个人执行安全规定，这起事故也会避免。

各抒己见

我们将来的工作场所大都在上述工厂，看了这些血淋淋的教训，你有何感想？

第十章

可持续发展战略

知识导航

本章主要介绍有关可持续发展的概念、内涵、原则，我国可持续发展战略的基本情况、目标、重点领域以及我国环境与保护的对策措施。

第一节 概 述

一、可持续发展理论的产生

人与自然的关系经历了从畏惧到改造再到征服，直至寻求和谐相处的四个变化历程（表10-1）。

表10-1 人类文明发展各阶段的特征

文明类型	采猎文明	农业文明	工业文明	后工业文明
所处时期	公元前200万年至公元前1万年	公元前1万年至公元18世纪	公元18世纪至今	今天
经济特征	采食渔猎，个体发展	传统农业，自给自足型经济	工业与服务业，商品型经济	信息化，协调型经济
人与自然的关系	依附自然	改造自然	征服自然	和谐发展
环境问题	不明显	局部地区的森林破坏、地力下降、水土流失	从局部性的环境问题发展到全球性公害	采取有力措施解决全球性环境问题
人类对策	听天由命	牧童经济	环境保护	可持续发展

在传统工业发展观暴露出上述种种弊端并难以为继的情况下，20世纪60年代开始，人类不得不重新审视人与自然的关系，寻求一条与自然和谐共生的新发展道路——可持续发展。

二、可持续发展的概念、内涵和原则

1. 可持续发展的概念

可持续发展一词最早在1980年的《世界自然保护大纲》中出现。当可持续发展的概念被应用于经济学和社会学等领域时，便产生了一些新的内涵，但被广为接受、认可的可持续发展概念是1987年布伦特兰夫人在《我们共同的未来》报告中所说的“可持续发展是既满足当代人

的需求,又不对后代人满足其自身需求的能力构成危害的发展。"

2. 可持续发展的内涵

可持续发展是一种特别从环境与自然资源角度提出的关于人类长期发展的战略与模式。它强调的是环境与经济的协调,追求人与自然的和谐,其核心思想是经济的健康发展。它不再把 GDP 作为衡量发展的唯一指标,而用社会、经济、文化、环境、生活等方面的综合指标来衡量发展,是指导人类走向新文明、新繁荣的重要指南。

3. 可持续发展的六大原则

(1) 公平性原则 是指机会选择的平等性,具有三方面的含义。一是指代际公平性,二是指同代人之间的横向公平性,可持续发展不仅要实现当代人之间的公平,也要实现当代人与未来各代人之间的公平。三是指人与自然,与其他生物之间的公平性。这是与传统发展的根本区别之一。各代人之间的公平要求任何一代都不能处于支配地位,即各代人都有同样选择的机会空间。

(2) 可持续性原则 是指生态系统受到某种干扰时能保持其生产率的能力。资源的持续利用和生态系统可持续性的保持是人类社会可持续发展的首要条件。可持续发展要求人们根据可持续性的条件调整自己的生活方式。在生态可能的范围内确定自己的消耗标准。因此,人类应做到合理开发和利用自然资源,保持适度的人口规模,处理好发展经济和保护环境的关系。

(3) 和谐性原则 可持续发展的战略就是要促进人类之间及人类与自然之间的和谐,如果我们能真诚地按和谐性原则行事,那么人类与自然之间就能保持一种互惠共生的关系,也只有这样,可持续发展才能实现。

(4) 需求性原则 人类需求是由社会和文化条件所确定的,是主观因素和客观因素相互作用,共同决定的结果。与人的价值观和动机有关。可持续发展立足于人的需求而发展人,强调人的需求而不是市场商品,是要满足所有人的基本需求,向所有人提供实现美好生活愿望的机会。

(5) 高效性原则 高效性原则不仅是根据其经济生产率来衡量,更重要的是根据人们的基本需求得到满足的程度来衡量。是人类整体发展的综合和总体的高效。

(6) 阶跃性原则 随着时间的推移和社会的不断发展,人类的需求内容和层次将不断增加和提高,所以可持续发展本身隐含着不断地从较低层次向较高层次的阶跃性过程。

4. 可持续发展战略的要求

可持续发展战略的要求是:人与自然和谐相处,认识到对自然、社会和子孙后代应负的责任,并有与之相应的道德水准。

我国人口基数大,今后十五年还将增加近两亿人口,这对农业发展、人民生活水平提高和整个经济建设都造成了很大的压力。必须坚定不移地执行计划生育的基本国策,严格控制人口数量增长,大力提高人口质量。我国耕地、水和矿产等重要资源的人均占有量都比较低。今后随着人口增加和经济发展,对资源总量的需求更多,环境保护的难度更大。必须切实保护资源和环境,统筹规划国土资源开发和整治,严格执行土地、水、森林、矿产、海洋等资源管理和保护的法律,实施资源有偿使用制度。要根据我国国情,选择有利于节约资源和保护环境的产业结构和消费方式。坚持资源开发和节约并举,把节约放在首位,克服各种浪费现象,提高资源利用效率。要综合利用资源,加强污染治理,植树种草,搞好水土保持,防治荒漠化,改善生态环境。总之,不仅要安排好当前的发展,还要为子孙后代着想,决不能吃祖宗饭,断子孙路,走浪费资源和先污染、后治理的路子。这就是可持续发展的中心。

延伸阅读:可持续发展

1.《中国21世纪初可持续发展行动纲要》

由国家发展和改革委员会会同科技部、外交部、教育部、民政部等有关部门制定的这个纲要,共分为四部分。

纲要总结了10年来我国实施可持续发展的成就与问题,提出了可持续发展的指导思想、目标与原则,规定了可持续发展的重点领域,提出了实现可持续发展目标的保障措施,是进一步推进我国可持续发展的重要政策文件。

纲要指出,经过10年的努力,我国实施可持续发展在经济发展、社会发展、生态建设、环境保护和资源合理开发利用等方面取得了举世瞩目的成就,但在实施可持续发展战略方面仍面临着许多矛盾和问题。

纲要提出了我国21世纪初可持续发展的总体目标:可持续发展能力不断增强,经济结构调整取得显著成效,人口总量得到有效控制,生态环境明显改善,资源利用率显著提高,促进人与自然的和谐,推动整个社会走上生产发展、生活富裕、生态良好的文明发展道路。

在实施可持续发展的重点领域方面,纲要对经济发展、社会发展、资源优化配置、合理利用与保护、生态保护和建设、环境保护和污染防治及能力建设等方面作了详细的规定。

纲要最后指出,面对新世纪的国际国内环境,为了实现纲要中提出的各项目标,必须采取行政、经济、科技、法律等手段,从加强部门协调、拓宽融资渠道、依靠科技支撑、健全法规制度等方面采取切实有效的保障措施。各级政府部门都要以高度的责任感和使命感,切实推进可持续发展战略的顺利实施。

2.《纲要》提出六项保障措施

① 运用行政手段,提高可持续发展的综合决策水平。

② 运用经济手段,建立有利于可持续发展的投入机制。

③ 运用科教手段,为推进可持续发展提供强有力的支撑。

④ 运用法律手段,提高全社会实施可持续发展战略的法制化水平。

⑤ 运用示范手段,做好重点区域和领域的试点示范工作。

⑥ 加强国际合作,为国家可持续发展创造良好的国际环境。

第二节 我国可持续发展的战略措施

一、我国实施可持续发展战略是必由之路

1. 客观的自然条件决定了我国必须走可持续发展之路

我国是一个多山的国家,55%的土地不适宜人类生产和生活,水资源分布不均,极易引发水旱灾害,这些客观存在的自然条件决定了我国走可持续发展之路必然性。

2. 沉重的人口压力严重制约着我国社会的经济发展

人口问题是我国经济社会发展中所面临的首要问题,长期制约着我国现代化的进程,我国总人口数量将面临人口总量高峰、老年人口增长高峰、劳动人口高峰的考验。

3. 薄弱的自然资源基础严重制约着我国社会经济发展

（1）人均资源占有量偏低　我国资源总量丰富，土地总面积居世界第3位，已探明矿产资源总量居世界第3位，耕地总面积居世界第4位，河流年径流量居世界第6位。但资源的人均占有量不容乐观，我国人均土地占有量相当于世界平均水平的三分之一。人均矿产资源储量相当于世界平均水平的五分之三，人均耕地占有量相当于世界平均水平的三分之一。

（2）资源品质较差、开发难度大、利用率低　我国资源质量差别悬殊，低质资源比重大。矿产资源大多属于贫矿，且共生、伴生资源多，给分选、冶炼、分离等带来了技术难题。由于开发难度大，加上管理水平、技术、设备落后，致使资源浪费严重。

4. 日益加剧的生态环境破坏与污染严重制约着我国社会的经济发展

目前，全国水土流失面积达367万平方千米，占国土面积的38.2%，每年至少有50亿吨沃土付之东流。荒漠化土地面积达262.2万平方千米，占国土面积的近三分之一。

大气污染、水污染、土壤污染、固体废弃物污染、噪声污染、电磁污染等状况明显加剧，呈现出由城市向农村蔓延，污染程度加剧的趋势。

5. 国际社会对环境的要求越来越高，压力增加

（1）我国要受全球气候变化所带来的一系列负面影响　据研究，未来的气候变化将对我国区域性旱涝灾害、水资源、生物多样性、生态系统、农林牧渔业和人体健康造成显著影响。

（2）发达国家对我国承担温室气体限控的压力增大　1997年12月，在日本京都召开的《联合国气候变化框架公约》缔约方第三次会议通过了旨在限制发达国家温室气体排放量以抑制全球变暖的《京都议定书》。之后，某些发达国家以《京都议定书》已规定发达国家的减排指标为由，希望中国和印度等发展中国家提高环境标准，控制温室气体的排放。个别国家甚至明确提出将发展中国家有意义的参与作为其批准议定书的前提条件之一，并与公约的资金机制挂钩，妄图压制发展中国家经济发展的步伐。

（3）在对外贸易中，绿色壁垒对我国产业界形成的冲击越来越大　首先，欧盟等发达国家环境标准的日益提高，抬高了我国产品出口的门槛，对我国的外贸出口造成十分不利的影响。其次，一些发达国家对我国出口货物征收绿色关税和反补贴税，将使我国出口产品在激烈的国际竞争中丧失竞争优势。同时由于我国环境保护标准低且数目少，环境保护和管理体系不健全，环境保护门槛低，必然会造成低标准的产品大量涌入我国，洋垃圾进口事件的屡屡发生便是很好的例证。

在上述这些不利的自然条件、资源与环境压力下，如果继续沿用传统的发展模式，我国将会遭受难以承受的巨大国际国内压力，生态环境可能出现一系列灾难性后果。因此，寻求一种非传统的现代化发展模式——可持续发展，已成为我国的迫切要求。

二、我国可持续发展的战略目标

可持续发展战略，是指促进发展并保证其具有可持续性的战略，是改善和保护人类美好生活及其生态系统的计划和行为的过程，是多个领域发展战略的总称。

我国可持续发展的战略目标具体如下。

①通过国民经济结构战略性调整，完成从“高消耗、高污染、低效益”向“低消耗、低污染、高效益”转变。促进产业结构优化升级，减轻资源环境压力，改变区域发展不平衡，缩小城乡差别。

②继续大力推进扶贫开发，进一步改善贫困地区的基本生产、生活条件，加强基础设施

建设，改善生态环境，逐步改变贫困地区经济、社会、文化的落后状况，提高贫困人口的生活质量和综合素质。

③严格控制人口增长，全面提高人口素质，建立完善的优生优育体系和社会保障体系。

④合理开发和集约高效利用资源，不断提高资源承载力，建成资源可持续利用的保障体系和重要资源战略储备安全体系。

⑤全国大部分地区环境质量明显改善，基本遏制生态恶化趋势，重点地区的生态功能和生物多样性得到基本恢复，农田污染状况得到根本改善。

⑥形成健全的可持续发展法律、法规体系；完善可持续发展的信息共享和决策咨询服务体系；大幅度提高社会公众参与可持续发展的程度；参与国际社会可持续发展领域合作的能力明显提高。

三、我国可持续发展的战略措施

1. 经济发展

按照“在发展中调整，在调整中发展”的动态调整原则，通过调整产业结构、区域结构和城乡结构，积极参与全球经济一体化，全方位逐步推进国民经济的战略性调整，初步形成资源消耗低、环境污染少的可持续发展国民经济体系。

2. 社会发展

建立完善的人口综合管理与优生优育体系，稳定低生育水平，控制人口总量，提高人口素质。建立与经济发展水平相适应的医疗卫生体系、劳动就业体系和社会保障体系。大幅提高公共服务水平。建立健全灾害监测预报、应急救助体系，全面提高防灾减灾能力。

3. 加强资源优化配置、合理利用与保护

合理使用、节约和保护资源，提高资源利用率和综合利用水平。建立重要资源安全体系和战略资源储备制度，最大限度保证国民经济建设对资源的需要。

4. 生态保护建设

建立完善的生态环境监测、管理体系，形成类型齐全、分布合理、面积适宜的自然保护区，建立沙漠化防治体系，强化重点水土流失区的治理，改善农业生态环境，加强城市绿地建设，逐步改善生态环境质量。

5. 环境保护和污染防治

实施污染物排放总量控制，开展流域水质污染防治，强化重点城市大气污染防治工作，加强重点海域的环境综合整治。加强环境保护法规建设和监督执法，修改完善环境保护技术标准，大力推进清洁生产和环保产业发展。积极参与区域和全球环境合作，在改善我国环境质量的同时，为保护全球环境作出贡献。

6. 能力建设

建立完善人口、资源和环境的法律制度，加强执法力度，充分利用各种宣传教育媒体，全面提高全民可持续发展意识，建立可持续发展指标体系与监测评价系统，建立面向政府咨询、社会大众、科学研究的信息共享体系。

延伸阅读：未来10项顶级环保技术

1. 从物质中提炼油

任何含碳的废弃物，从火腿肠到废弃的轮胎，通过加热加压，都能够转变成油，这个过

程称为热解聚法。这个过程与自然生产油的过程极其相似，这样，就相当于从废弃物中提炼出石油。

2. 把盐成分移除

减少盐分，基本移除海水中的盐成分和矿物质是为世界上水资源匮乏的地方提供可饮用水的一条途径。这项技术存在的问题是需要大量的资金和巨大的能量。科学家正在努力开发这项技术，他们在海水的上面加上有微细毛孔的薄膜，然后用便宜的燃料来对海水进行加热和蒸馏，以此来提高生产效率。

3. “氢”的力量

使用氢燃料电池相比使用矿物燃料更加环保。通过氢原子和氧原子结合，在这个过程中产生电能。燃料电池的问题是“氢原子”的获得。我们必须从分子中（例如水分子和酒精）提取氢原子，用它来制作成燃料电池。其中的某些处理过程要求使用其他的能量资源，这些能量资源能够抵消“干净”燃料的优势。最近，科学家已经提出一些方案，通过使用燃料电池为笔记本、小装置提供电量。某些汽车公司承诺，在不久的将来我们将会看到汽车排出无污染的尾气。

4. 阳光充足的新创意

以光子的形式来照射地面的太阳能或是热能能够转化为电能或是热能。太阳能收集器可以通过许多不同的方式来收集能量。它可以被能源公司或单个家庭成功地使用。众所周知的两种主要的太阳能收集器是太阳能电池和太阳能热能收集器。通过镜子和抛物柱面反射器来聚集太阳能，然后有效地转化这种能量。这种方式更多地被研究者采纳和改良。

5. 海洋热能转化

地球上最大的太阳能收集器就是我们广阔的海洋。根据美国能源部的最新报告显示，海洋吸收的太阳能相当于每天 2.5 亿桶石油制造的能量。美国每年的耗油量为 750 亿桶。海洋热能系统技术转化海洋中的热能，然后利用水域表面温度与海底温度的差异来转化成电量。温度差异能够致使涡轮运作，从而来带动发电机发电。这项技术主要的缺点就是在机械发电方面还不能够有效地使用这项技术。

6. 利用波浪和潮汐产生动力

地球表面 70%以上是由海洋覆盖。海浪蕴含着巨大的能量，它推动着涡轮，使机械能转化成电能。使用这种能源的一个障碍就是动力的利用。有时候，浪太小而不能产生丰富的动力，只有把能源聚集到能产生足够的机械能为止。现在，美国纽约市东部河流安装了 6 个潮汐涡轮进行试验。葡萄牙目前进行的新项目也是依靠海浪，努力使海浪能够产生足够的能量来为 1500 户甚至更多户人家提供电能。目前，美国俄勒冈州周立大学的研究员表明，浮标系统有能力以膨胀的形式捕捉到海洋能量。

7. 在屋顶上种植植被

这个环保概念归因于古代世界七大奇观之一——古巴比伦的空中花园。这座有屋顶、阳台、露台的巴比伦皇室宫殿是国王的花园。花园的屋顶能够吸收热量，通过吸收 CO_2 呼出 O_2 来减少 CO_2。在冬天能够解决掉暴风雪水，在夏天能够调节室内温度。在根本上，这个技术能够减少市中心这座“热岛”的日照强度。在这座城市中心花园的屋顶，频繁地有蝴蝶翩翩起舞，百鸟鸣音萦绕于梁。目前，这种绿色屋顶正在美国宾夕法尼亚州试用。

8. 让植物和细菌来清理污染物

“生物除污”是使用细菌和植物处理污染物。例如，在污染水质中使用细菌除硝酸盐，使用植物清除污染土质中的砷，这就是植物修复法。美国环保局已经使用这种方法去清除一些污染。通常，本土的植物品种能用来进行场所污染清除。这种方法的好处就是在大多数的情况下不需要杀虫剂和水。在其他情况下，科学家试图逐步利用植物的根部清除污染，或是把污染传到树叶上进行污染清除，这种方式更有利于污染的清除。

9. 把污染气体埋入地里

我们都知道，CO_2 是造成全球气温上升的主要温室气体。根据美国能源信息署的最新报告表明，到 2030 年，人类将产生将近 80 亿吨 CO_2。一些专家表示，抑制 CO_2 向大气层散发是有可能的，只要寻找到处理它的一些方式。其中一个方法是在 CO_2 向大气层散发之前就处理掉它，把它深埋于地底。当 CO_2 和其他气体分离后，就把它埋进废弃的油井中、蓄盐池内和岩石里。尽管这个方法听起来很简单，但是科学家们还是不能确定这些“被注射的气体”是否能踏踏实实地待在地下，它的长期影响是什么，它的分离成本会有多大。同时，“埋葬”的技术还是具有挑战性的，使得我们在短期内应用此方法缺乏可行性。

10. 使纸张远离我们

想象一下这个画面：你躺在床上看完报纸后，细细品味你最喜欢的小说家最新写的作品。我们同样也可以使用电子纸张：这个复杂的显示器，不但如同真的纸张一样，而且还能一遍一遍地重复使用。显示器中含有细小的气囊，气囊内部由许多的粒子填充，它携带电荷与金属片连接在一起，每个气囊内有黑白粒子，即作为电荷。依靠所提供的电荷，黑白粒子表面呈现不同的图案。

各抒己见

面对日益加剧的生态环境破坏与污染严重的形势，作为未来的产业技术人员，你应该怎么做？

参 考 文 献

[1] 钱易，唐孝炎．环境保护与可持续发展概论．北京：高等教育出版社，2000.
[2] 马光．环境与可持续发展导论．北京：科学出版社，2000.
[3] 林肇信，刘天齐，刘逸农．环境保护概论．修订版．北京：高等教育出版社，1999.
[4] 徐炎华．环境保护概论．北京：中国水利水电出版社，2003.
[5] 刘培桐．环境学概论．北京：高等教育出版社，1995.
[6] 刘超臣，蒋辉．环境学基础．北京：化学工业出版社，2003.
[7] 盛连喜，曾宝强，刘静玲．现代环境科学导论．北京：化学工业出版社，2002.
[8] 程发良，常慧．环境保护基础．北京：清华大学出版社，2002.
[9] 张从，肖玲，张宝莉等．农业环境保护概论．北京：中国环境科学出版社，2006.
[10] 徐新华，吴忠标，陈红．环境保护与可持续发展．北京：化学工业出版社，2000.
[11] 王淑莹，高春娣，环境导论．北京：中国建筑工业出版社，2004.
[12] 苏琴，吴连成．环境工程概论．北京：国防工业出版社，2004.
[13] 王敬国．资源与环境概论．北京：中国农业大学出版社，2000.
[14] 王岩．环境科学概论．北京：化学工业出版社，2003.
[15] 周国强．环境保护与可持续发展概论．北京：中国环境科学出版社，2005.
[16] 陈英旭．环境学．北京：中国环境科学出版社，2001.
[17] 叶文虎．环境管理学．北京：化学工业出版社，2000.
[18] 陈维新．农业环境保护．北京：中国农业大学出版社，1993.
[19] 汪群辉．固体废弃物处理与资源化．北京：化学工业出版社，2005.
[20] 杨慧芳，张强．固体废弃物资源化．北京：化学工业出版社，2004.
[21] 孙振钧，王冲．基础生态学．北京：化学工业出版社，2007.
[22] 张建强，刘颖．生态与环境．北京：化学工业出版社，2009.
[23] 黄振中．中国大气污染防治技术综述．世界科技研究与发展，2004，26(2)：30-35.
[24] 李依丽，李坚，李晶欣等．颗粒污染物净化技术经济分析．煤炭学报，2007，32 (11)：1196-1200.
[25] 赵由才，柴晓利．生活垃圾资源化原理与技术．北京：化学工业出版社，2002.
[26] 李秀金．固体废弃物工程．北京：中国环境科学出版社，2003.
[27] 李耀中．噪声控制技术．北京：化学工业出版社，2004.
[28] 李亚军．从美国环境管理看中国环境管理体制的创新．兰州学刊，2004，137(2)：86-90.
[29] 龚鹏博，郭明昉，李健雄．蚯蚓净化环境的生态功能．生物学通报，2007，42 (12)：20-21.
[30] 李党生，环境保护概论．北京：中国环境科学出版社，2007.
[31] 【英】玛夫·史密斯，约翰·怀特莱格，尼克·威廉姆斯著．绿色可持续人工环境．王占忠，王海银，崔丹丹译．北京：中国环境科学出版社．2004.
[32] 郭怀成，陆根法．环境科学基础教程．北京：中国环境科学出版社，2003.
[33] 冷宝成．环境保护基础．北京：化学工业出版社，2004.
[34] 聂永丰．三废处理工程技术手册．北京：化学工业出版社，2000.
[35] 陈大夫．环境与资源经济学．北京：经济科学出版社，2001.
[36] 张修志．我国资源枯竭矿山企业发展问题研究．江苏地质，2003，9(3)：5-12.
[37] 李广超．大气污染控制技术．北京：化学工业出版社，2008.
[38] 郭小平，彭海燕，王亮．绿化林带对交通噪声的衰减效果．环境科学学报，2009，29(12)：2567-2571.
[38] 马越，张晓辉．环境保护概论．北京：中国轻工业出版社，2011.